QUESTION
COTONNIÈRE

LA FRANCE

peut s'emparer du monopole du Coton par l'Afrique ;

elle peut rendre l'Angleterre, l'Europe, ses tributaires.

L'AFRIQUE

EST LE VRAI PAYS DU COTON

PAR

CÉLESTE DUVAL

Ex-Inspecteur de la Colonisation, membre de l'Académie nationale,
de la Société d'encouragement, etc.

*Initium vitæ hominis aqua, panis et vestimentum
et domus protegens turpitudinem.*
(*Eccles.*, cap. XXIX.)

PARIS

TYPOGRAPHIE DE COSSON ET COMPAGNIE

RUE DU FOUR-SAINT-GERMAIN, 43.

1864

QUESTION

COTONNIÈRE

QUESTION COTONNIÈRE

LA FRANCE

peut s'emparer du monopole du Coton par l'Afrique ;

elle peut rendre l'Angleterre, l'Europe, ses tributaires.

—

L'AFRIQUE

EST LE VRAI PAYS DU COTON

PAR

CÉLESTE DUVAL

Ex-Inspecteur de la Colonisation, membre de l'Académie nationale,
de la Société d'encouragement, etc.

*Initium vitæ hominis aqua, panis et vestimentum
et domus protegens turpitudinem.*
(Eccles., cap. XXIX.)

PARIS

TYPOGRAPHIE DE COSSON ET COMPAGNIE

RUE DU FOUR-SAINT-GERMAIN, 43.

—

1864

QUESTION
COTONNIÈRE

LA FRANCE PEUT S'EMPARER DU MONOPOLE DU COTON PAR L'AFRIQUE. — CETTE BELLE ET GRANDE TACHE EST DÉVOLUE A L'EMPEREUR NAPOLÉON III.

> Initium vitæ hominis aqua, panis et vestimentum
> et domus protegens turpitudinem.
>
> (*Eccles.*, cap XXIX).

La guerre civile qui désole l'Amérique du Nord est venue gravement compromettre les intérêts commerciaux de l'Europe, et a privé la France, en amenant la disette du coton, d'un des principaux éléments de son travail et de sa richesse.

Les fâcheuses nouvelles que nous apportent chaque jour les courriers des États-Unis sont d'une gravité extrême. Elles nous apprennent, en effet, que les éléments de ruine et d'anarchie augmentent, et qu'à tous les maux qui désolent depuis si longtemps ce malheureux pays, viennent chaque jour s'en ajouter de nouveaux.

De cruelles souffrances règnent dans ceux de nos centres manufacturiers vivant principalement des industries cotonnières. Les effets de cette guerre pèsent sur eux de tout leur poids, et ont condamné huit cent mille ouvriers à l'inaction. La misère se fait sentir dans quarante départements de l'empire où s'exercent ces industries, et dans quinze à vingt surtout, où elles ont une importance réelle, au nombre desquels on doit citer, en première ligne, celui de la Seine-Inférieure, qui renferme à lui seul plus du quart du nombre total des broches existant actuellement, en France, pour la filature du coton.

Dans les années ordinaires, l'Amérique du Nord nous fournissait les trois cinquièmes de notre consommation, qui s'élève à environ 2,300,000 balles, et nous lui prenions à peu près le tiers de sa production.

Pendant les cinq dernières années dont la statistique me soit connue, de 1857 à 1861, notre consommation générale a été de 11,400,000 balles. Les États-Unis nous ont fourni pendant cette période 6,840,000 balles, c'est-à-dire 60 p. 100.

Bien que nous ayons reçu en général une aussi forte quantité de coton de l'Amérique du Nord, il n'en faut pas conclure que notre approvisionnement dépende de ce pays jusqu'à concurrence du chiffre de 60 p. 100. Les autres parties du globe qui nous ont fourni du coton avant elle, et celles qui nous en fournissent encore, peuvent augmenter leur quote-part, et parvenir bientôt à combler le déficit laissé par la fermeture du marché américain. Déjà, en 1863, la production du coton est devenue considérable en Italie. Elle a atteint dans ce pays un chiffre de 50 millions de francs, et on compte sur un rendement du double pour la récolte de 1864 (1).

(1) Dans les Romagnes, où les bras sont surabondants, des essais ont été faits par ordre de l'Empereur, et les plantations ont donné les plus beaux et les plus abondants produits. Des échantillons ont été dernièrement envoyés à Sa Majesté. — L'exposition des cotons qui a lieu actuellement à Turin est très-brillante. Deux cent sept

Les riches côtes d'Afrique, le Maroc, l'Algérie, la régence de Tunis, les États de Tripoli et de Benghasy, l'Égypte, dont les gares, à la date à laquelle j'écris, sont encombrées de coton (1), nos possessions du Sénégal, où nous avons neuf à dix mille lieues carrées favorables à la culture du cotonnier, le Gabon, peuvent fournir le précieux textile en abondance.

Les contrées centrales, le Soudan, la Nubie, la Guinée, le Congo, le Dahomet...., les îles africaines de Madagascar, dont les traités de 1815 nous garantissent une possession traditionnelle, et de Bourbon, sont des terres à coton.

C'est dans ces contrées, c'est là que le cotonnier croît naturellement à l'état herbacé et en arbre ; c'est là qu'il se trouve en abondance, quoique dans certaines d'elles les indigènes n'en fassent aucun usage; là, il croît partout, et les habitants connaissent sa culture depuis l'origine des temps !

Tous ces pays neufs, d'une fertilité prodigieuse, où la végétation tropicale étale tout son luxe, peuvent prochainement mettre un terme à l'état général de souffrance qui menace le monde entier.

L'Asie, la vieille Asie, d'où le cotonnier paraît être originaire, où sa culture industrielle a pris naissance, et

exposants y ont pris part. Le coton est cultivé dans cent quatorze communes d'Italie, appartenant à trente-huit provinces, mais c'est principalement dans les provinces napolitaines et dans l'île de Sardaigne que cette culture a donné les meilleurs résultats.

(1) Les trains se multiplient et suffisent à peine aux transports. Le directeur général des chemins de fer, Abderahman-Bey, qui est en France, a été rappelé pour donner une nouvelle extension au service et introduire des perfectionnements dans la traction (*Le Siècle*, 10 mars 1864.)

d'où il est probable qu'elle s'est répandue par toute la terre, peut reprendre ses cultures abandonnées. — L'Inde, dans une seule année, en 1857, c'est-à-dire avant la crise, la récolte ayant manqué aux États-Unis, a fourni à l'Europe 680,000 balles de coton.

L'Asie Mineure en fournissait autrefois des quantités assez considérables. — Le coton de Smyrne était jadis connu, et on en reçoit encore aujourd'hui.

Le monde de l'extrême Asie offre des ressources que quelques traits isolés ont déjà permis d'entrevoir, la Cochinchine notamment.

Combien d'autres pays seraient à citer, dans l'immensité du globe, où la culture du cotonnier trouverait un sol et un climat favorables !

Elle ne demanderait qu'à s'étendre au Mexique, aux Antilles, à la Guyane, au Brésil.

L'Océanie, cette partie naissante du monde, qui, seulement de nos jours, par un progrès perpétuel, s'élève incessamment pleine de fécondité des profondeurs de la mer, théâtre éternel de naissances et de destructions, où la matière semble vivante et plus jeune, où tout s'engendre pour s'y détruire et s'y reformer de nouveau, où enfin les terres, les îles s'enfoncent et disparaissent après leur épuisement, pour y reprendre la vie, y recevoir de nouvelles forces fécondantes, et reparaître ensuite au-dessus des eaux, l'Océanie présente les plus riches espérances.

Certaines îles de cette cinquième partie du monde offrent des ressources d'une étonnante variété, telles sont les Philippines, les Moluques, Bornéo, Célèbes, Taïti,

Tonga, Java, où la puissance de la nature semble avoir une activité toute particulière, où le règne végétal reproduit toutes les richesses de l'Inde et de l'Indo-Chine, mais avec un nouvel éclat, et à côté d'immenses richesses inconnues à l'ancien monde.

Il se rencontre dans tous ces pays de larges et immenses espaces à utiliser, sans même parler des améliorations que les méthodes de culture qui y existent déjà peuvent recevoir.

Dans un travail ultérieur j'examinerai successivement, pour chacun d'eux, l'introduction ou l'état de culture du précieux végétal qui nous occupe.

Tous indistinctement peuvent assurément, et surtout l'Afrique, fournir à l'Europe des quantités considérables de coton, si on y encourage, si on y excite la production, si on y crée des plantations.

C'est l'objet d'un temps court, l'Amérique du Nord ayant abandonné ses plantations, fermé son marché et cessé la concurrence.

Effectivement, le coton de l'Amérique du Nord manquant à l'Europe, il est hors de doute que, dans quelques années, la culture de l'arbrisseau qui le produit n'ait pris un large essor dans les anciens pays producteurs, que la concurrence difficile, je dirai même impossible, des États-Unis avait découragés et éloignés des plantations. Il est certain que cette culture sera bientôt doublée et triplée par les contrées qui fournissent actuellement, et malgré la concurrence, un contingent plus ou moins notable; qu'elle sera entreprise, essayée par une foule de pays neufs, et on ne tardera pas à recevoir de ces contrées et pays du coton en quantités suffisantes pour mettre un terme à la disette dont l'Europe se plaint.

Mais pour nous, avons-nous besoin d'aller en Asie et sur les autres rivages de l'Océan, si loin, pour nos approvisionnements ?

N'avons-nous pas aux portes de la France l'Afrique, l'Algérie ? L'Afrique, dont la constitution économique et territoriale se prête si admirablement aux transactions de toutes sortes et au développement des cultures cotonnières, cette Afrique où le cotonnier croît partout naturellement, à l'état sauvage, à l'état vivace, à l'état herbacé et en arbre ; l'Algérie qui nous appartient, dont le sol est éminemment propre à la culture du cotonnier, et qui est prête à entrer dans la sphère des grandes exploitations !

L'Algérie n'attend que des capitaux *habilement* et *prudemment* dirigés. Elle a vu croître naturellement le cotonnier, et elle peut le voir encore. Sur l'emplacement même des concessions données, la tradition arabe dit qu'en sautant d'une cotonnière à l'autre, un oiseau pouvait atteindre la mer sans déployer les ailes.

N'avons-nous pas le Sahara et ses oasis?

Nos possessions de la côte occidentale, dont le sol est cotonnifère par excellence, ne sont-elles pas merveilleusement propres, par la nature de leur climat et l'abondance des eaux, à la culture du cotonnier?

M. Poulain, en 1861, dirigea une expédition dans les Serères-Nones (Sénégal). Chargé de faire la carte du pays et le rapport de l'expédition, il signala un grand nombre de points où le cotonnier poussait naturellement à l'état sauvage.

Ce fait était connu avant l'expédition du capitaine du génie Poulain ; je le relate ici pour convaincre la France de la possibilité qu'elle a de tirer de sa colonie du Sénégal le textile qui manque aujourd'hui à l'Europe, et chercher à détruire la mauvaise opinion laissée par la non-réussite des essais de colonisation tentés en 1763, et des cultures cotonnières entreprises, de 1821 à 1830, sous la direction d'administrations défectueuses.

Les voyageurs Owerveg, Barth, Mollein, Vogel, Richardson, René-Caillé, Raffenel, Hecquard, etc., ont rencontré le cotonnier en abondance et à l'état sauvage dans le Soudan, en Guinée, en Sénégambie, dans tout le centre en général, sur toutes les côtes occidentales, orientales et méridionales.

Il suffirait de favoriser la culture du cotonnier dans ces pays pour l'y introduire, de distribuer dans les tribus voisines de nos comptoirs des graines de premières qualité et d'espèces choisies, de faire connaître les procédés les plus avantageux de cette culture, d'encourager les chefs qui s'y prêteraient avec le plus de zèle, d'attirer à nous, par l'équité la plus grande, l'élément indigène, dont le concours, stimulé par l'appât de quelque gain, se ferait bientôt et si facilement sentir.

Nous possédons au Sénégal, au Gabon, un grand nombre de comptoirs fortifiés qui sont placés sur le littoral ou sur des cours d'eau navigables (1). Chacun de ces comp-

---

(1) Nos possessions sont composées de Saint-Louis, de l'île de Gorée, des comptoirs de Carabane, de Sedhiou, d'Assinie, de Grand-Bassam, etc., de plusieurs postes sur la côte d'Ivoire et dans le golfe de Guinée.

toirs, au milieu de pays où la végétation tropicale est luxuriante, peut devenir en peu de temps le centre de productions qui s'étendront progressivement parmi les peuplades soumises à notre domination, chez celles plus éloignées, dans l'intérieur, au sud et au nord, dont quelques-unes sont industrieuses, et presque toutes agricoles et non étrangères à la culture du cotonnier.

C'est par l'Algérie, c'est par le Sénégal et le Gabon que la culture industrielle et en grand du cotonnier fera son entrée en Afrique.

Cette riche partie de l'ancien monde tout entière peut devenir pour la France et par Napoléon III la région du coton, comme sa partie nord a été pour Rome et par les empereurs Romains la région des céréales !

C'est à Napoléon III qu'est dévolue la tâche de faire de l'Afrique le dock des cotons.

C'est à tort, et grandement à tort que l'on s'est écrié de toutes parts :

« C'en est fait, le coton, le précieux textile que rien ne peut remplacer, ni le lin, ni la soie, ni la laine, le coton qui fait vivre des ouvriers par millions et mouvoir des navires par milliers, le coton nécessaire à tous, riches et et pauvres, comme le pain et comme la houille, le coton sur lequel repose la balance commerciale et économique du monde entier, le coton va manquer ; les États-Unis, seuls pays qui le produisent tel qu'il le faut au commerce et à l'industrie, ont cessé de le fournir, leurs plantations sont abandonnées, leur marché est fermé, leurs ports sont bloqués ! »

Erreur, profonde erreur ! L'Amérique du Nord, comme

nous venons de le voir, ne possède pas seule les conditions *réunies de sol et de climat* permettant la culture du cotonnier, ainsi qu'ont voulu le prétendre, du fond de leur cabinet, certains compilateurs, ou plutôt *certains intéressés ;* ce n'est pas qu'aux États-Unis qu'on trouve la qualité et qu'on peut rencontrer le prix de revient nécessaire pour produire avec avantage ce textile. Tous les pays que j'ai cités possèdent plus ou moins, comme les États-Unis, les mêmes conditions réunies.

Ceux qui ont dit hardiment que la consommation du coton du *monde entier* dépendait des États-Unis ont dit une grosse absurdité. Le monde entier, dans certaines contrées tropicales et tempérées de ses parties, peut produire le coton en abondance. On le rencontre à l'état spontané, sans culture, *en Afrique,* comme nous l'avons déjà vu, en Asie, en Amérique et en Océanie, dans les limites tracées par les lignes équinoxiales, tandis que, *sans culture,* le cotonnier ne pourrait de lui-même se reproduire aux États-Unis, et disparaîtrait *entièrement et bientôt* de ces pays.

Je cite, comme pouvant le fournir en plus grande abondance, l'Afrique, parce que là se trouvent d'immenses étendues de terrains disponibles, un sol favorable, un climat toujours et partout propice, une main-d'œuvre abondante, *solide* et à très-bas prix, enfin, une grande facilité pour la circulation des produits.

Je suis loin, comme on le voit, d'être de l'avis de ceux qui prétendent que les États-Unis sont les seuls pays producteurs, et je dis avec certitude que le vrai pays du coton est l'*Afrique,* et ma conviction est fondée sur ce qu'il est rencontré à l'état spontané dans toutes ses parties, nord, sud, occidentale et orientale.

La guerre de l'Amérique du Nord, c'est la fin de l'esclavage, et les bras esclaves disparaissant aux États-Unis, les productions s'y trouveront considérablement augmentées dans leur prix de revient. Les autres contrées du globe qui peuvent produire le coton, l'*Afrique*, et cette dernière, avec l'aide et par la puissante influence de la France, ne craignant plus alors la concurrence esclave, créeront des plantations ou augmenteront l'étendue de celles qu'elles ont déjà; elles chercheront à les perfectionner de plus en plus, et elles auront cet avantage sur les États-Unis, qu'elles profiteront des progrès qu'a faits chez eux, depuis plus d'un demi-siècle, la culture du cotonnier, et le monopole sera enlevé à ces États.

Nul ne peut prévoir la fin de la lutte effroyable commencée, et qui écrase l'union américaine. Les déchirements peuvent prolonger la détresse de longues années encore, et nous ne devons plus compter sur les États-Unis pour nous approvisionner de coton.

Qui peut dire quand ils seront en mesure de fournir les quantités qu'ils fournissaient avant la guerre?

Sous le poids des malheurs actuels, la production a cessé d'exister, les dévastations violentes, les destructions volontaires, provoquées par la fermeture du marché, laisseront un vide difficile à remplir, d'autant plus difficile que la main esclave aura disparu.

Ainsi donc, dans une situation aussi menaçante que celle dans laquelle se trouvent nos fabriques et notre commerce, dans l'éventualité où nous sommes de savoir quand les ports de l'Amérique du Nord seront réouverts, quand et comment elle pourra continuer ses plantations, la plus simple prudence nous fait un devoir de nous prémunir contre un danger sérieux, et que le commencement de l'insurrection avait cependant fait prévoir ; or, un temps d'arrêt trop long dans la production suffisante du coton constituerait un véritable danger *social* chez nous.

Il faut aviser au plus vite aux moyens de combattre les effets terribles qui pourraient résulter de la pénurie cotonnière pour nous pendant un temps beaucoup trop long, et jusqu'à ce que les anciens pays producteurs aient pu reprendre et augmenter leurs cultures et les nouveaux en créer, ce qui ne peut se faire qu'avec le temps, car des plantations devant fournir des millions de balles ne s'improvisent pas en une année. Or, ces moyens, l'Afrique seule peut nous les procurer dans un temps moins long (1).

L'état de choses actuel ne peut être que transitoire aux États-Unis ; peu à peu, par l'expérience acquise, et grâce à la convenance du sol, à la présence et à l'existence permanente de vents et d'une humidité atmosphérique favorables, la production remontera, mais jamais elle n'arrivera à son ancien niveau, l'Afrique se présentant comme rivale.

En effet, l'Afrique, dans certaines de ses parties, réunit

(1) Le cotonnier est un des végétaux les plus faciles à répandre et à multiplier sur la surface du globe, pour les peuples surtout qui connaissent sa culture, pourvu, toutefois, que le degré de chaleur exigé pour sa végétation existe, et qu'à la chaleur se joigne l'humidité, condition que l'Afrique réunit de l'autre côté des déserts de sables qui séparent les côtes de ses autres parties.

à un degré supérieur les mêmes conditions par rapport au sol, aux vents, à l'humidité atmosphérique, aux irrigations naturelles et artificielles.

L'Amérique du Nord ne possède pas les nombreux cours d'eau de l'Afrique : un Nil, des Sénégal, des Gambie, des Rio-Grande, des Sierra-Leone, des Niger, des Zaïre, et tant d'autres fleuves et rivières moins importants et au cours mal connu, comme l'Assinie, le Chama, le Volta, le Lagos, le Formose, le Forcado, le Culabar, le Camarones, la rivière du Danger, le Gabon, l'Assazie, la Coanza, la Longa, la Catelumba, le Capororo, le Cobal, le Bambarougue, la rivière des Poissons, le Gariep, le Zwart-Dorn, la rivière de l'Éléphant, le Jeou, le Charry, etc., etc., dont les eaux, à l'exception de celles du Nil, viennent se jeter dans l'océan Atlantique et dans les lacs de l'intérieur, après un long parcours qui souvent est de plusieurs centaines de lieues. Tous ces cours d'eau croissent, décroissent, enrichissent et fécondent par des inondations périodiques les terres d'un abondant et précieux limon, tout en apportant une humidité indispensable.

Le nouveau monde, dans cette partie nord, renferme bon nombre de lacs, mais elle n'a point des Tchad, des Fittré, des Dibbie, des Zavilanda, des Achelunda, des Moravi, des Dembea, etc., véritables mers caspiennes d'où s'échappent de nombreux cours d'eau qui donnent la vie aux campagnes, et dont les bords fertiles voient croître le cotonnier à l'état spontané et sauvage.

Dans la plus grande partie de son étendue, l'Afrique, grâce à certaines circonstances de climat et de situation, aux pluies annuelles, aux vents du nord, à l'élévation du sol, dans certains lieux, jouit du ciel le plus beau et le plus tempéré. La nature y est prodigue, il ne faut à l'homme qui l'habite que peu de travail et d'industrie pour satisfaire ses besoins; l'espèce humaine y trouve, au prix de quelques travaux légers, des aliments abondants partout où l'humidité vient aider la chaleur.

Si les contrées riveraines de tous les cours d'eau et des lacs africains appartenaient à des mains agricoles habiles, elles seraient autant d'Égyptes fertiles, où viendraient se réunir tous les produits de la terre entière.

L'Afrique, brûlante et féconde, possède en outre cet immense avantage sur les États-Unis, que les mers l'entourent de toutes parts, et qu'elle est bien mieux située qu'eux pour le commerce, parce qu'elle est placée au centre du monde commercial, et qu'elle est par conséquent bien plus à portée de communiquer avec le reste du globe.

Voilà les objets qui doivent servir de jalon à la France pour aller cultiver en Afrique le cotonnier et y chercher l'abondance !

Maîtres pour ainsi dire de la moitié de ce riche continent, nous devons chercher à mettre un terme à l'état général de souffrance dans lequel se trouve notre commerce par la pénurie du coton ; d'ailleurs, nos intérêts nous ordonnent, et le temps est venu, de l'affranchir du tribut qu'il a payé pendant un demi-siècle à l'Amérique du Nord, et qu'il paye encore, et, depuis toujours, aux autres pays producteurs.

A la veille de voir une nouvelle puissance s'emparer

du monopole abandonné, et c'est surtout ce que nous devons craindre et ce qui doit nous faire hâter; en présence d'une situation aussi menaçante, on se consulte, on attend, on se demande où sont les pays vers lesquels peuvent se diriger les espérances, quels résultats on peut attendre de l'extension des cultures dans telle ou telle contrée pour l'alimentation de nos fabriques?

Les uns parlent en faveur de certains pays, d'autres viennent aussitôt détruire ce que les premiers ont dit, sans savoir ce qu'ils avancent le plus souvent, et après avoir consulté quelques géographes; d'autres enfin, des *intéressés*, par des représentations fallacieuses, s'empressent aussitôt de jeter la confusion dans les idées, s'ils viennent à apercevoir quelque chose de juste.

Dans l'incertitude où ces compilateurs ou intéressés nous ont mis, on attend toujours, un temps précieux s'écoule, un autre peuple cherche à gagner du terrain sur nous, le mal augmente de plus en plus pour notre commerce, et on cherche encore, prétendant qu'en pareille matière rien ne peut se faire d'un jour à l'autre, quels seraient les moyens de combler l'immense lacune qu'a laissée la fermeture du marché américain.

On n'a pas encore songé sérieusement à l'Afrique, et l'Algérien lui-même, qui dans son aveuglement ne songe à rien, n'a pas aperçu la source de fortune que lui a ouverte l'abandon des cultures aux États-Unis!

Des souffrances sans précédent continuent d'être imposées à nos ateliers et à notre commerce, les tissus les plus usuels et les plus nécessaires manquent au peuple, la crise qui pèse devient plus grande à mesure que les approvisionnements s'épuisent, que le blocus des ports se prolonge, que les cultures disparaissent aux États-Unis.

Pour les manufacturiers qui voient leurs métiers improductifs et pour le commerce, c'est la ruine ; pour l'ouvrier, c'est la famine ; pour le consommateur, c'est la perte de vêtements qui, comme l'eau et le pain, sont indispensables à son existence.

Notre anxiété augmente avec le mal, et cette anxiété ne fera cependant pas germer la graine du cotonnier qui n'a pas été mise en terre !

Il faut se mettre à l'œuvre pour affranchir notre commerce du tribut énorme qu'il paye maintenant à tort à l'étranger. — La France doit ne plus dépendre, pour le plus grand nombre de ses approvisionnements, d'un pays qui ne lui offre aucune garantie durable, et où tout fait prévoir et craindre de nouvelles luttes et de nouveaux désastres ; elle doit chercher à s'assurer ailleurs qu'aux États-Unis l'entière satisfaction de ses besoins, tant pour les quantités que pour les qualités. La France affranchie, c'est la dépendance à son profit du commerce cotonnier européen par l'Afrique.

C'est à elle de ne pas permettre, par son incertitude et sa lenteur, qu'une nation s'empare du monopole, ou qu'il retourne à l'Amérique du Nord.

Laisserions-nous l'Angleterre, qui cherche depuis longtemps déjà à s'approvisionner de coton par l'Asie, s'emparer de ce monopole ?

Consentirions-nous à aller nous approvisionner aux Indes, dans les colonies anglaises, tandis que l'Afrique est appelée à nous fournir tous les produits pour lesquels nous sommes aujourd'hui tributaires de l'étranger, et le coton est de ce nombre ?

Depuis trois ans l'Angleterre fait des sacrifices énormes dans ses possessions de l'Inde pour y ramener et y faire revivre la culture du cotonnier, car cette culture s'est ralentie dans ces pays producteurs depuis la concurrence américaine ; elle y a été pour ainsi dire abandonnée. Dans les provinces de Khandeish et de Guzzerat, elle n'a reculé devant aucune peine, aucune dépense, pour la développer.

Il n'est pas à douter que, dans notre lenteur à nous mettre à l'œuvre, et si cette lenteur se prolonge encore quelques années, les sacrifices de l'Angleterre ne soient largement compensés, et les cultures reprendront alors un large essor dans l'Inde, où l'esprit entreprenant des Anglais se fait si directement sentir.

D'immenses territoires dans les riches bassins de l'Indus et de ses affluents conviennent merveilleusement au cotonnier, et l'Angleterre sait que sa culture y sera profitable en établissant un service régulier d'irrigation, en créant des moyens de transport. C'est à quoi elle travaille, et c'est à nous de l'arrêter dans sa marche.

L'industrie cotonnière, dans la Grande-Bretagne, occupe plus de vingt millions de broches, fait travailler deux millions et quelques centaines de mille ouvriers.

La question du coton est donc, pour l'Angleterre, l'objet des plus vives préoccupations (1).

(1) La fabrication des cotonnades, depuis la première manipulation de la matière brute jusqu'à ce que le dernier fini soit donné à la matière manufacturée, fournit du travail à la plus grande par-

Il lui faut du coton pour alimenter ses vingt millions de broches ! Ne la laissons pas s'emparer d'un monopole que nous pouvons avoir.

« Quelles *souscriptions, a dit le* Times *au commencement de l'insurrection américaine, quelles sociétés,* quelles taxes des pauvres pourraient remédier à une si profonde misère ? Notre commerce serait réduit des deux tiers. Qui peut mesurer l'étendue que prendrait le mal ? Il n'y a donc pas une heure à perdre pour prévenir un si épouvantable danger. »

La crise prévue existe et a dépassé tout ce que pouvait prévoir l'Angleterre : le coton manque à l'Europe ; la guerre civile continue dans le nord de l'Amérique ; la rébellion fait des progrès alarmants et couve dans l'ouest de plus en plus.

« L'abolition de l'esclavage dans les États du Sud de l'Union doit s'accomplir, a dit en 1850 le baron Léon d'Hervey Saint-Denys, et c'est la ruine de la production cotonnière dans l'Amérique du Nord, et l'augmentation immédiate du prix de cette denrée sur tous les marchés. Alors le tour de notre colonie africaine pourra venir ; elle alimentera nos fabriques elle-même, et nous débarrassera du lourd tribut que, sans elle, nous nous verrions obligés de payer aux colonies anglaises. Peut-être serions-nous obligés d'aller nous approvisionner jusque dans l'Inde,

tie de la population du Lancashire, du Cheshire septentrional, du Lanarshire et à un nombre considérable des habitants des comtés de Derby, de Leicester, de Nottingham et de York, ainsi qu'à une partie considérable de la population d'autres comtés, en Ecosse et en Irlande.

où, par les soins du gouvernement anglais, la culture des cotonniers atteint déjà un haut degré de prospérité. »

On a critiqué et on critique encore l'Angleterre au sujet des efforts qu'elle fait pour chercher à augmenter les cultures cotonnières en Asie ; on la blâme pour l'or qu'elle a, dit-on, prodigué inutilement dans l'Inde ; on blâme ses tentatives partout où elle en fait ; on l'accuse de lutter inutilement en voulant forcer la nature dans ses productions !

Mais ceux qui se permettent ces critiques et ces blâmes ne savent donc pas que le cotonnier herbacé (*Gossypium indicum*), celui dont les produits nous occupent si sérieusement aujourd'hui, est originaire de l'Asie, ou plutôt y a été remarqué pour la première fois par l'industrie ; que sa culture y date de la plus haute antiquité. Elle prit naissance dans l'Inde aux siècles les plus reculés, et de l'Inde elle s'est dispersée dans le reste du monde.

Ils ne savent donc pas que la production du coton est encore aujourd'hui considérable dans l'Inde. — L'exportation du coton de cette partie de l'Asie en Angleterre et en Chine, de 1850 à 1858, a été d'environ 200 millions de livres par Bombay, de 100 millions par d'autres points, soit 300 millions. Mais ce n'est là qu'une bien minime portion de la production réelle. Il faut y ajouter la consommation intérieure, que le docteur White porte à 3 milliards de livres. Ce dernier évalue à 10 livres par tête la consommation de l'Inde, peuplée de 150 millions d'habitants, soit 1,500,000,000 de livres. Il estime qu'une égale quantité de coton est en outre absorbée dans ce pays, où cet article est d'un emploi si général pour la confection de tous les articles d'usage habituel (1).

Aujourd'hui les diverses colonies des Indes occidentales n'exportent qu'une faible quantité de coton. 38,000 balles environ ont été exportées seulement en 1857, dont 17,000 pour la France et 11,000 pour l'Angleterre.

Introduite dans l'Amérique du Nord par des hommes éclairés, des Européens intelligents, versés dans la science agricole, et faite par des mains esclaves et à vil prix, la culture du cotonnier a nécessairement dû faire dans ce pays neuf des progrès rapides, et c'est ce qui a eu lieu. Les anciens pays producteurs, l'Asie, l'Inde... ont alors dû diminuer l'étendue de leurs plantations et prendre moins de soin des produits, la concurrence des côtes nord américaines ne permettant plus l'exportation des pays intérieurs de l'Asie et de centres éloignés, où le prix de revient était plus élevé, où les communications étaient plus difficiles, ce dont les États-Unis ont profité, et ce qui leur a permis de donner une extension prompte à leurs cultures. — L'élan donné, les cotons américains ont envahi les marchés européens et quelques années ont suffi aux États-Unis pour être maîtres du monopole du monde entier.

Donc, la grande concurrence américaine établie, l'Asiatique n'a plus cultivé le cotonnier que pour subvenir seulement à ses propres besoins, et le coton récolté ne sortant plus de chez lui, où les fabricants sont moins

(1) Ces chiffres paraissent exagérés.

difficiles sur le choix des qualités, il s'en est suivi qu'il a donné moins de soin à ses cultures et a cessé de s'occuper du perfectionnement de ses produits. De là, perte dans le rendement, qui ne dépasse plus dans l'Inde 250 livres par acre (51 ares 29 centiares), tandis qu'aux États-Unis on en obtient 350, et perte dans la qualité, qui est devenue inférieure à celle que peuvent atteindre des hommes de progrès, les Américains.

Pour ces causes, le coton indien est devenu impropre à la plupart des tissages en Europe, aussi ne peut-on l'employer qu'à faire les calicots les plus communs, et encore, pour en faire usage, ne peut-on l'employer seul, il faut le mêler à du coton d'autres pays.

D'après ces courtes données, on doit ne pas être étonné de cette progression ascendante et rapide des productions américaines en la comparant à l'état rétrograde ou stationnaire de celles de l'Asie et des autres pays producteurs.

Mais la concurrence américaine ayant disparu par l'abolition de l'esclavage, l'Indien encouragé ne manquera pas de donner plus de soins à ses cultures, et, sous la direction d'habiles moniteurs anglais, au courant des progrès du jour, il aura bientôt su améliorer ses produits par des perfectionnements, et de manière à leur permettre de répondre aux exigences sans cesse croissantes de l'industrie européenne.

Le coton que l'on récoltait il y a vingt-cinq ans aux États-Unis ne serait plus marchand aujourd'hui !

L'Angleterre ne lutte donc pas inutilement en voulant forcer la nature dans ses productions. Ceux qui la blâment et la critiquent au sujet de ses efforts pour faire revivre dans l'Inde une culture dont la force des circonstances a amené en quelque sorte la ruine, et qu'elle a fait tomber dans l'oubli de ce qu'elle était dans un temps antérieur et éloigné, ces hommes savent parfaitement ce que peut valoir l'Inde comme pays producteur, l'Inde, cette terre de prédilection, ce paradis de l'Orient. *Ces hommes sont les amis des intérêts de l'Angleterre et les ennemis de ceux de la France!*

Leurs blâmes et leurs critiques ne sont que des feintes pour permettre à l'Angleterre de gagner du temps, pour tromper le trop crédule Français, jeter de la confusion dans ses idées, le faire rester dans son hésitation et lui faire perdre en réflexions, en tâtonnements, un temps précieux dont cette rusée puissance profite, espérant arriver à son but et s'emparer du monopole qu'elle projette depuis si longtemps.

La concurrence étant détruite pour le moment par les effets de la guerre civile aux États-Unis, et cette concurrence pouvant l'être bientôt et à tout jamais par l'abolition de l'esclavage, dont la fin est certaine, l'Angleterre, comme on le voit, si la France continue à rester dans son incertitude, va la devancer; la culture du cotonnier s'étendra de plus en plus en Asie, les perfectionnements viendront, des moyens de transport s'établiront, et le pays qui a produit le premier coton à l'industrie ne pourra manquer de fournir ce textile en abondance. Les produits qu'il donnera lorsque l'Asiatique, l'Indien, auront reçu des notions suffisantes sur les perfectionnements que les peuples d'Amérique ont amenés depuis soixante ans sur la culture du cotonnier et sur la préparation du précieux textile, rivaliseront avec les cotons américains, et peut-être les dépasseront-ils en beauté et en bonté.

La consommation du monde entier ne dépend donc pas des États-Unis, comme l'ont prétendu ces mêmes amis des intérêts anglais.

En faisant tous les efforts imaginables pour faire revivre dans l'Inde la culture du cotonnier, l'Angleterre sait ce qu'elle fait : non-seulement elle cherche à ne plus dépendre de l'Amérique du Nord, mais elle voudrait s'emparer d'une partie de cette consommation, qui s'élève au chiffre énorme de 3,873,350,000 livres.

C'est à la France à devancer l'Angleterre pour arriver aux mêmes buts, et elle le peut dans un temps plus proche et à moins de frais qu'elle.

L'Angleterre devenant alors la tributaire de la France, l'état stationnaire de la culture cotonnière en Asie se maintiendra, et *c'est en ce cas-là seul que l'or prodigué par elle l'aura été inutilement.*

Effectivement, l'Angleterre rencontrera dans l'Inde de grands obstacles que nous n'aurons pas en Afrique, par rapport à l'éloignement, à la circulation des denrées, aux moyens de transport qui manquent complétement dans cette partie de l'Asie. Le coton produit, il lui sera difficile de le faire arriver dans les ports de mer en quantités en rapport avec les besoins croissants du commerce européen, et les frais de transport ne permettront jamais aux cotons anglo-indiens de lutter en bon marché contre les cotons africains.

Dans ses parties septentrionale et centrale, l'Afrique possède de puissants moyens de transport par ses caravanes, et les populations berbères des oasis situées au sud de l'Algérie, avec le concours des Touaregs, nos récents alliés, et auxquels appartient la tâche, soit de protéger caravanes et commerçants pour arriver dans le nord, soit de les protéger pour pénétrer dans l'intérieur et les amener dans le bassin du Niger, d'où ils peuvent relier facilement le Sénégal.

Par les caravanes et les populations berbères, l'Algérie et les comptoirs du haut Sénégal peuvent être les marchés des productions du Soudan; par elles l'Afrique peut déverser dans la Méditerranée ou dans l'Atlantique les richesses de toutes ses parties, occidentale, centrale et orientale, celles des pays et royaumes de Kachenas, de Kano, du Congo, de la Guinée, d'Angola, de Benguela, de Dahomet, du Kordofan, du Darfour, du Bournou, de Choa, d'Ajan, de la côte de Zanguebar, de Mozambique, etc., etc.

L'importance de la culture cotonnière établira bientôt un va-et-vient de caravanes dans le sud de l'Algérie et à l'est de nos possessions des côtes occidentales. Bientôt l'élément arabe, s'assimilant à nos besoins, à nos intérêts, contribuera largement à la production. Le coton deviendra un grand objet d'échange contre nos produits manufacturés, qui trouveront dans l'intérieur un magnifique débouché, car les indigènes les désirent et ne peuvent se les procurer que difficilement dans l'intérieur.

Nous aurons en outre cet avantage sur les États-Unis que les bénéfices à retirer du commerce dans l'intérieur de l'Afrique sont énormes. Je rappelle seulement ici ce proverbe arabe qui dit que : *Le remède à la pauvreté est un voyage au Soudan.* L'intérieur de l'Afrique tire du nord (1), et la France peut fournir toutes les denrées demandées : 1° soie et tissus de soie ; 2° tissus de laine ; 3° tissus de coton ; 4° corail travaillé ou non et verroterie ; 5° essence de roses et parfums ; 6° armes ; 7° safran, henné, tabac, sel, sucre en pain (2), papier, tabatières, miroirs, peignes, ciseaux, aiguilles, fil à coudre, etc., etc.

Le commerce sera l'agent le plus actif de la production du coton en Afrique !

Pour les arrivages dans la partie occidentale, outre les caravanes, il est facile d'utiliser avec profit les fleuves et les rivières très-nombreux, comme nous l'avons vu, partout dans l'intérieur et sur la côte, et dont les cours, qui se dirigent généralement de l'est à l'ouest sur une longueur de plusieurs centaines de lieues, lorsqu'ils ne tombent pas dans des lacs, sont navigables.

Par ces cours d'eau et par la mer, les produits de l'intérieur et ceux des côtes pourront s'écouler naturellement et avec beaucoup de facilité.

Des routes, des canaux, des chemins de fer... se feront aux Indes ; les moyens d'irrigation qui manquent aujourd'hui s'établiront, le gonflement périodique des eaux de

----

(1) Du Maroc, de l'Algérie, de Tunis, etc.

(2) Les marchands indigènes des côtes nord donnent aux esclaves qu'ils prennent dans l'intérieur, quelques morceaux de sucre. « Mangez, disent-ils à ces pauvres créatures, ce sont les cailloux des pays où vous allez ! »

l'Indus, du Gange et de quelques autres rivières le permettant, et l'Angleterre travaille pour cela ; mais il lui
faut du temps, un temps long, et nous pourrons arriver
avant elle à demander à l'Afrique, *qui se trouve au milieu du monde* commercial et qui réunit toutes les conditions de bonne culture, ce coton dont il a besoin , et elle
nous le fournira à des prix bien inférieurs sous tous les
rapports, tant sous celui de la main-d'œuvre que sous celui des transports et de l'éloignement des côtes, et le monopole étant assuré à l'Afrique, nous sera assuré.

L'Afrique, dans ses parties centrale et méridionale,
commence à sortir du domaine de l'inconnu ; de hardis
explorateurs dégagent peu à peu ces vastes contrées des
voiles mystérieux dont elles sont restées enveloppées si
longtemps.

L'Angleterre étend et cherche à étendre de plus en
plus sa domination dans les cinq parties du monde (1).

Toujours avide de trouver de nouveaux éléments de

(1) L'Angleterre cherche à créer sans cesse de nouvelles colonies
d'entrepôts, et semble avoir pour but de s'assurer de l'approvisionnement universel du globe.

Toutes les colonies qu'elle possède sont situées de manière à lui
permettre l'exploitation de contrées étendues.

Ainsi Jersey et Guernesey, dans la Manche, servent à solder à la
France, par la contrebande, la différence des importations; Héli-
goland à l'Allemagne, Malte et Corfou rapprochent l'Angleterre du
Levant, et assurent sa prépondérance dans le commerce méditerra-
néen, dont Gibraltar est la clef. Cette ville lui permet encore de fournir à l'Espagne tous ses produits manufacturés. C'est, en outre, un
bazar d'où elle sort fréquemment pour faire des excursions mer-
cantiles sur les côtes nord d'Afrique.

Aden est pour elle une possession précieuse sur le littoral de la
mer Rouge, qui sépare l'Afrique de l'Arabie.

puissance et de richesses, aspirant depuis longtemps à s'approvisionner dans ses propres domaines, afin toujours de chercher à s'affranchir de la dépendance des États-Unis, songeant continuellement à l'accaparement du coton pour être seule détentrice de cette denrée et en

Dans le courant de 1856, le pavillon anglais a été arboré sur l'île de Périm, à l'entrée de cette mer ; mais la Turquie a protesté au nom de ses droits territoriaux.

Elle a fait tout pour chercher à s'emparer de Socotora, possession unique par rapport à cette même mer Rouge, et qui commande l'entrée du détroit de Bab-el-Mandeb.

Elle a tenté l'occupation des îles d'Ormuz et de Keichme, qui résument le commerce du golfe Persique.

Le vaste empire des Indes orientales, divisé en trois présidences qui ont pour chefs-lieux Calcutta, Madras, Bombay, les îles du prince de Galles et de Singapour, l'île de Ceylan, l'île de Hong-kong, l'île de Labuan, la rendent maîtresse du commerce dans la mer des Indes et de la Chine, dont Pinang, qui commande le détroit de Malacca, favorise le passage de l'une dans l'autre.

Elle a acquis des Danois leurs possessions asiatiques de Tranquebar et de Sirampour, et le droit d'exploiter le guano dans plusieurs îles de la mer d'Arabie, prélude, si l'on n'y avait veillé, d'une occupation définitive.

L'Angleterre s'appliquait, avec la persévérance qui la caractérise, à agrandir dans l'intérieur de l'Inde, au nord, à l'est et à l'ouest, la circonférence de son empire, lorsque la révolte des Cipayes, en 1857, l'a forcée à s'occuper d'abord de consolider ses possessions actuelles.

Sous les derniers gouvernements, avant nos expéditions de la Chine et notre occupation de l'extrême Orient de la Cochinchine, elle faisait trembler le Céleste Empire et convoitait les îles de la Sonde, les Moluques, la Malaisie tout entière !

Elle possède l'Australie, divisée en quatre provinces ou gouvernements (la Nouvelle-Galles du Sud, capitale Sidney ; la Victoria, capitale Narbourne ; l'Australie du Sud, capitale Adélaïde ; l'Australie de l'Ouest, capitale Perth), la terre de Van-Diemen ou Tasmanie, la Nouvelle Zélande, l'île de Norfolk. Elle exerce en outre une protection plus ou moins souveraine sur les îles Sandwich ou

régler le cours, elle avait jeté ses vues sur la partie aus
trale de l'Afrique.

Elle possède dans cette partie de l'ancien continent
divers comptoirs, sur la côte occidentale, répartis en
trois gouvernements : celui de la Gambie, capitale Ba-

Hawaï (1). — En 1857, son drapeau a été arboré sur les îles Oua-
Horn, mais le gouvernement des Indes néerlandaises a protesté
contre cette occupation.

En Afrique, les îles de l'Ascension et de Sainte-Hélène, dans l'o-
céan Atlantique, sont des points de relâche, des stations pour ses
navires en croisière.

Le Cap de Bonne-Espérance et Natal servent à lui assurer la
suprématie de l'océan Indien, et lui facilitent ses invasions dans
l'intérieur de l'Afrique, invasions que viennent encore aider ses
divers comptoirs sur la côte occidentale, ceux de la Gambie, de
Sierra-Leone, et celui de la Côte-d'Or, dernier auquel se rattachent
les comptoirs achetés aux Danois en 1850.

Dans la mer des Indes, l'île Maurice, les Séchelles, les Amirantes,
lui ouvrent le chemin du golfe Persique, tout en lui facilitant le
moyen de pénétrer dans la Malaisie et la mer de la Chine.

Dans l'Afrique australe, au nord de la colonie du Cap, les missionnaires, les chasseurs et les pionniers anglais préparent la sou-
veraineté de leur patrie dans un nouvel État, que l'on désigne
d'avance sous le nom de *Cafrerie britannique.*

Par Annobon et Fernando-Pô, elle a cherché longtemps à s'emparer de la Guinée.

En Amérique, ses possessions comprennent, dans l'hémisphère
boréal, le Canada, le Nouveau-Brunswick, la Nouvelle-Écosse et le
Cap Breton, l'île du Prince Édouard, Terre-Neuve, les îles Ber-
mudes, les Lucayes, les îles Turques.

Entre l'Asie et l'Amérique, dans le même hémisphère, l'île de
Quadra-et-Vancouver lui appartient.

Dans l'Amérique septentrionale, l'Angleterre s'applique sans
cesse à étendre ses possessions au nord du Canada et des États-
Unis, dans les vastes solitudes qui séparent cette colonie des terres
polaires.

(1) Dans ces dernières contrées, elle prépare des voies au commerce et
à une domination future par des missionnaires adroits.

thurst ; celui de Sierra-Leone, capitale Free-Town ; et celui de la Côte-d'Or, capitale Cap-Coast-Cattle, dernier auquel se rattachent les possessions achetées aux Danois.

Elle est maîtresse des trois quarts des Antilles dans l'océan Atlantique équinoxial, savoir : la Jamaïque, grâce à laquelle elle domine le golfe du Mexique, plusieurs des îles de la Vierge, Anguille, Saint-Christophe, Nevis, Antigoa et Barboude, Montserrat, la Dominique, Sainte-Lucie, Saint-Vincent, la Grenade et la Grenadille, la Barbade, Tabago, la Trinité ; sur le continent, elle possède Honduras et la Guyane anglaise.

Dans l'océan Austral, à l'ouest de la pointe méridionale de l'Amérique du Sud, elle s'est emparée des Malouines, foulant aux pieds les droits qu'a la France sur cet archipel, dont Bougainville avait pris possession.

De là, tel qu'un polype fixé à un rocher, elle cherche à étendre ses longs bras sur les meilleurs points maritimes de la Patagonie, où depuis longtemps ses baleiniers abondent en grand nombre pour se procurer des bœufs et des moutons, qu'ils payent avec de grossières étoffes de laine, de la quincaillerie, du rhum et du tabac, et elle convoite la Nouvelle-Shetland, au milieu des glaces antarctiques, si le climat lui permet de s'y établir.

Sous le nom de Nouvelle-Bretagne, les possessions anglaises, dans les deux Amériques, s'étendent de l'océan Atlantique à l'océan Glacial arctique, et de ce dernier au grand Océan austral !

Avant 1848, avant tous les événements politiques européens qui viennent de se passer, l'Angleterre conduisait à son gré toutes les républiques de l'Amérique du Sud.

Une guerre civile acharnée s'est déclarée aux États-Unis, et cette guerre avait fait renaître chez elle certaines espérances de reconquérir les riches pays qui composaient l'union américaine ; mais ces espérances se sont évanouies en présence de l'occupation du Mexique par nos troupes victorieuses, et qu'il ne serait pas encore temps de retirer.

Certes, si c'était dans un but d'humanité et d'intérêt général que les Anglais cherchassent à coloniser de nouveaux pays et qu'ils eussent fait ou préparé tous les établissements qu'ils possèdent, on ne pourrait qu'applaudir à leur habileté colonisatrice ; mais l'intérêt, l'ambition, le désir de la suprématie maritime, ont été et seront toujours leur principal, je ne dirai pas leur unique mobile.

Dans la partie australe, le cap de Bonne-Espérance et Port-Natal lui appartiennent.

En 1840, sous le prétexte d'enseigner la religion protestante aux Africains des contrées australes, et c'est le

Pendant que l'Angleterre faisait trembler la moitié de l'Asie, convoitait la Malaisie, formait un royaume en Amérique et conduisait une partie de ce nouveau monde à son gré, la puissance des Czars, avant 1848, je trouve ici occasion d'en parler, marchait sans bruit à la domination de l'hémisphère opposé, et cherchait à remplir sur la terre le même rôle que l'Angleterre prétendait jouer sur mer.

Elle réglait les destinées du nord de l'Europe, et s'avançait sans interruption vers le midi, soumettant à ses vues les cours de Téhéran et de Constantinople, menaçant même les provinces britanniques dans l'Inde, lorsque la haute et juste politique de l'Empereur, la guerre de Crimée et la prise de Sébastopol sont venues l'arrêter dans sa marche rapide, due à la basse, à la mauvaise politique des derniers gouvernements.

Outre une grande portion de l'ancien royaume de Pologne et la Russie d'Asie, l'immense empire russe possède toute l'extrémité nord-ouest de l'Amérique septentrionale, où se trouvent la redoute Saint-Michel et le fort Alexandre, et dans la mer de Behring, les îles Aléoutiennes et le groupe Kodiah.

De tous ces points favorables, la Russie planait pour ainsi dire sur le Japon et la Chine, lorsque cette même politique de l'Empereur et la présence de nos flottes dans la mer de Chine, et les expéditions de Chine et de Cochinchine sont encore venues l'arrêter de ce côté, tout en maintenant l'Angleterre, ce que nous avons déjà vu, dans ses desseins sur le Céleste Empire.

Dans ce partage de richesse et de puissance de la part de l'Angleterre et de la Russie, quelle part, sous les trois derniers gouvernements, s'était réservée la France, qui, en Europe, sert de contrepoids à la Russie et rivalise sur mer avec l'Angleterre?

Dans quels endroits du globe étaient ses établissements militaires et commerciaux?

Où étaient ses points de relâche et de ravitaillement?

Sur quelle terre, ou seulement sur quel rocher flottait notre pavillon, il y a quelques années seulement, au milieu de cette immense mer du Sud parsemée d'îles presque toutes occupées actuellement par les nations maritimes nos rivales?

plus souvent ce prétexte sacré qu'elle présente pour s'introduire d'abord, et parvenir ensuite au but qu'elle se propose, lorsqu'il s'agit de ses intérêts et de s'emparer d'un pays, d'une île, ou d'établir un comptoir, l'Angle-

La France possède seulement en Océanie les îles Marquises, depuis 1842, et la Nouvelle-Calédonie, dont l'occupation ne date que de 1853. Son protectorat ne s'exerce que sur les îles de la Société, protectorat en vertu duquel elle est représentée à Taïti par un commissaire!

La France, sous les derniers gouvernements, ne paraissait même pas songer à toutes ces régions. Les hommes d'État qui la servaient alors les trouvaient trop lointaines pour s'en occuper; ils les dédaignaient parce qu'ils ne les connaissaient pas, et feignaient d'ignorer l'importance commerciale et politique de leur position.

Au lieu de s'emparer, dans les mers de la Chine ou dans l'océan Austral, d'un point pouvant offrir par la suite un débouché à notre commerce et un abri à nos escadres, ils s'étaient bornés à faire doubler le cap Horn ou celui de Bonne-Espérance par quelques bâtiments armés, trop peu nombreux pour paraître dans les lieux où l'intérêt de notre commerce exigerait leur présence, et trop faibles pour inspirer du respect à des peuples en proie aux révolutions et à peine sortis de la barbarie?

Les derniers gouvernements, toujours restreints dans leurs dépenses, même les plus nécessaires, et ne pouvant assurer aucun avenir financier à leurs projets, étaient obligés de réduire chaque année les armements de la marine militaire, et de renoncer à la formation d'aucun établissement d'outre-mer.

Loin de suivre la politique défectueuse et contraire aux intérêts de la France de ces gouvernements, celui de l'Empereur augmente ses dépenses, tout en assurant l'avenir financier de tout ce qu'il projette et entreprend, et, loin de réduire chaque année les armements de la marine, ce gouvernement paternel les augmente.

Il a reconnu que la formation d'établissements d'outre-mer était nécessaire pour assurer les relations maritimes et commerciales de la France, qui disparaissaient, pour maintenir et augmenter sur les peuples d'Asie et d'Amérique son influence qui tombait tout à fait.

terre envoyait le docteur Livingstone au cap de Bonne-Espérance. Plus tard, le Gabon nous ayant été cédé par le chef Louis, en vertu d'un traité conclu le 18 mars 1841, ce fait a vivement excité l'envie et la jalousie de cette puissance, car le Gabon est un des pays les plus fertiles de l'Afrique australe, et le même voyageur parcourait et explorait toute la partié méridionale, de l'est à l'ouest et du nord au sud.

La mission du docteur, loin d'être sacrée, était toute profane, et le but de la Grande-Bretagne, en l'envoyant, n'était pas de convertir des païens, des fétichistes à la foi chrétienne, mais bien, par des moyens d'exécution merveilleusement calculés, de chercher à servir ses intérêts économiques.

Effectivement, installé sur les frontières des possessions anglaises, dans la station du Kuruman, le docteur ne se contenta pas de remplir les devoirs de son ministère dans cette contrée seulement, il pénétra plus avant, méditant quels seraient les moyens à employer pour arriver au véritable but de sa mission. Mais il fallait d'abord commencer par éclairer les indigènes dans nos mœurs européennes, et les engager à développer par des travaux utiles les richesses naturelles du pays.

Dans les contrées du centre, il cherchait à découvrir des voies de communication, routes ou rivières, entre l'intérieur des terres et l'Océan, à l'ouest ou à l'est du continent africain, de manière à relier les exploitations, soit avec l'océan Atlantique, soit avec la mer des Indes.

Il désignait déjà les endroits propices à la culture des plantes industrielles, de la canne à sucre, du caféier et du cotonnier surtout, dont le produit était un des principaux mobiles le faisant agir, et qui devait devenir un grand objet d'échange contre les produits manufacturés de l'Angleterre, auxquels était assuré là un magnifique débouché; il fixait aussi les plateaux élevés sur lesquels il lui paraissait possible de fonder des établissements agricoles et industriels à l'abri des inondations périodiques.

En 1849 et 1850, le missionnaire faisait de nouvelles explorations.

De 1851 à 1854, il en dirigea une vers le nord de la partie méridionale; il traversa la plaine Kalahari, parcourut le pays des Malakolos, remonta le Zambèze, grand fleuve qui fournit un parcours de plus de mille kilomètres et va de l'ouest à l'est se jeter dans la mer des Indes, jusqu'au point où ce fleuve reçoit les eaux du Liba, dont il remonta encore le cours jusqu'à l'endroit où cette rivière rencontre celle du Makondo.

Enfin, il poursuivit ses voyages d'exploration à travers le pays de la Balonda et atteignit le royaume du Congo, d'où il partit pour se rendre de nouveau dans le Mozambique en suivant le cours du Zambèze jusqu'à son embouchure dans la mer des Indes. L'Angleterre voulait trouver des voies de communication qui relieraient les exploitations de l'intérieur, soit avec l'Océan, soit avec la mer des Indes.

En 1855, elle envoyait H. Kiepert faire de nouvelles explorations dans les mêmes régions australes; au commencement de 1857, J.-M. Queen partait avec une même mission ; enfin le docteur Livingstone faisait une dernière exploration à la fin de cette même année.

Après vingt-trois années d'exploration, l'Angleterre a reconnu que les populations des contrées méridionales de l'Afrique, par leur caractère et leurs mœurs, ne se prêtaient nullement, pour le moment, à l'exécution des projets de colonisation dont elle avait prémédité l'accomplissement, et, *en présence de difficultés sans nombre pour elle et impossibles à vaincre,* elle a dû y renoncer, jusqu'à ce qu'elle ait reconnu un temps plus favorable.

L'hospitalité s'efface singulièrement à mesure qu'on avance dans l'intérieur de cette partie de l'Afrique et qu'on pénètre chez les peuplades à demi sauvages des contrées centrales situées entre le Mozambique, le cap de Bonne-Espérance et le Congo, où se trouvent les vrais nègres, *avec tous les caractères physiques de leur race.*

En présence de l'ignorance complète de ces peuplades des contrées australes en agriculture et de leur abrutissement, dû au grossier fétichisme, peuplades qui ne ressemblent en rien à celles du reste de l'Afrique ; en présence de la cupidité et de la corruption qui se manifestent de plus en plus chez toutes les peuplades du centre des contrées australes, lesquelles exigent à chaque pas des tributs pour livrer passage aux voyageurs, et leur tendent des piéges à chaque instant pour leur extorquer des rançons, triste témoignage de leurs relations avec les négriers, l'Angleterre s'est arrêtée, et les travaux industriels, les relations commerciales qu'elle avait projetés, n'ont reçu aucune exécution.

Depuis 1852, elle fait cultiver le cotonnier dans le voisinage de Sierra-Leone, et les résultats qu'elle a obtenus ont été très-satisfaisants, ce qui l'engage de plus en plus à ne pas renoncer à l'Afrique australe pour ses approvisionnements, dans le cas où elle échouerait en Asie!

Manchester avait déjà reçu de cette provenance africaine, au 15 avril 1858, 96,410 livres de coton contre 1,810 en 1852.

Je crois en avoir dit assez pour prouver ce que nous pouvons dans l'Afrique septentrionale, centrale et occidentale, comparativement à ce que peuvent les Anglais en Asie et dans l'extrême Afrique.

Dans les contrées africaines qui subissent notre influence, celles du nord surtout, celles qui peuvent seules, pour le moment, renfermer tant de richesses agricoles dans un temps plus rapproché, où les populations, bien disposées en faveur de la France, sont industrieuses et agricoles, car elles ont conservé un ancien germe de civilisation que lui ont apporté les Égyptiens, les Romains, et laissé le peuple carthaginois, des débris duquel plusieurs d'elles se sont formées, le cotonnier vient et peut venir partout.

Partout, dans ces contrées fertiles, les terres sont surabondantes ; elles ne donneront lieu à aucune contestation, pourvu que l'on ne cherche pas à froisser les intérêts des indigènes. Les peuplades sans nombre qu'elles renferment peuvent fournir une quantité de bras dont les forces prodigieuses, mais qui sont restées cachées jusqu'à ce jour, peuvent être utilisées à notre profit.

Peu à peu, chez les populations de la partie méridionale, les transactions commerciales, le va-et-vient des caravanes et des commerçants amèneront un commencement de civilisation européenne, et plus tard ces populations, devenues moins sauvages, viendront à nous, attirées par l'effet de la civilisation et l'appât du gain.

L'idée que les colons français devraient se mélanger et s'amalgamer avec les indigènes répugne aux goûts européens, et c'est une opinion faussement établie que les indigènes de l'Afrique du Nord et les nègres du Soudan ne sauraient se plier à des mœurs plus douces. On ne saurait recommander d'une manière trop pressante aux pouvoirs algériens et sénégalais de s'occuper sans délai de chercher à détruire ces erreurs qui compromettent l'avenir de nos colonies africaines.

La France réussira, on n'en peut douter, à faire revivre la culture du cotonnier dans le nord de l'Afrique; elle parviendra à créer, à perfectionner et à augmenter cette culture dans les parties nord, centrale et occidentale, où le cotonnier peut croître comme jadis le blé croissait dans les plaines de l'*Africa propria* des anciens (État actuel de Tunis).

Elle parviendra à créer, à propager partout sur la surface de ce vaste et fertile continent africain des espèces privilégiées, pouvant rivaliser avantageusement avec les longues soies de la Géorgie, dont la renommée est si justement établie, grâce à la persévérance et à l'habileté agricole des Américains, et de manière à pouvoir remplacer les produits actuels par ceux de la qualité la plus belle.

Il nous faut du coton, et nous pouvons en avoir ; il en faut à l'Europe, et nous pouvons lui en fournir.

Il faut prendre un parti.

Comme nous l'avons vu, nous ne devons plus compter sur l'Amérique du Nord. Le cotonnier cultivé par la main esclave a fourni en 1861 sa dernière récolte.

La production cotonnière appartient désormais au travail libre.

Le moyen pour nous de parer au mal au plus vite, c'est de commencer résolûment à nous mettre à l'œuvre sans retard, sans perdre une heure, en 1864 même ; c'est de créer, sans perdre de temps, des plantations cotonnières en Algérie, dans les terrains favorables dont elle peut disposer, même au préjudice des prairies, beaucoup trop nombreuses, des céréales, des légumineuses et des autres plantes sarclées et industrielles ; c'est de commencer à préparer des terrains pour 1865. L'Algérie doit se déterminer en faveur de l'exportation des cotons plutôt qu'en faveur des primeurs en blés, pommes de terre, artichauts, petits pois, asperges, haricots, pastèques et fruits divers ; la France saura bien tirer ces produits de ses départements méridionaux, où le coton ne peut être produit ; on peut d'ailleurs se passer de primeurs, et il serait difficile aujourd'hui de se passer de coton.

C'est de créer aussi, et immédiatement, des plantations dans les pays neufs de notre colonie sénégalaise, sur les riches et fertiles territoires qui dépendent de la division navale du Gabon, sur la rive droite duquel s'élève le comptoir fortifié dit d'Aumale (1) ; c'est de les encourager dans les parties occidentale et centrale, en Guinée, *dans le Soudan, où il vient partout et où sa culture est connue de tous les nègres*, dans le royaume de Dahomet, au Congo... ; c'est de les engager dans le royaume de Tunis, où de riches plaines salées peuvent fournir le coton le plus beau et le plus abondant, dans les États de Tripoli de Barbarie et de Benghasi, dans ces pays de sable *où l'eau se trouve partout à la surface du sol*, où il ne s'agirait que d'établir des puits à roues, d'une construction très-facile et peu coûteuse, pour avoir des eaux abondantes ; c'est de les engager et de les répandre sur toute la ligne qui sépare l'Algérie du grand désert, dans le Sahara et ses oasis.

Ces derniers pays de sable conviennent à la culture du cotonnier et peuvent le voir croître.

Je ferai connaître, dans un travail spécial, les moyens de fertiliser ces déserts et de les rendre propres aux cultures cotonnières.

C'est enfin de les étendre, le plus vite possible, dans nos colonies des Antilles et de la Guyane. — A la Martinique, le cotonnier est foulé aux pieds et méprisé.

Pour arriver au but que nous pouvons atteindre, l'État devra intervenir comme protecteur, et avec toute la puissance de ses moyens, pour favoriser les débuts dans certaines contrées et l'extension dans d'autres, pour organiser le succès et l'assurer d'une manière efficace

---

(1) Le Gabon est moins un fleuve qu'un magnifique estuaire accessible aux plus grands navires bien dirigés, et pouvant offrir *un abri sûr* à une flotte considérable.

partout où des plantations seront entreprises dans les pays cités.

Déjà l'État a fait de très-grands sacrifices pour introduire d'abord, pour encourager ensuite la culture du cotonnier en Algérie, et l'on peut assurer que les sacrifices n'ont fait faire *aucun pas à la question.*

L'Empereur, attentif à tout, dans sa haute sollicitude pour ce qui touche aux intérêts de la France, n'a rien épargné pour créer la culture du cotonnier en Algérie et l'encourager dans nos autres colonies.

Par décret du 16 octobre 1853, Sa Majesté a daigné, dans sa générosité et sa munificence, instituer pour cinq ans, sur sa cassette particulière, un prix annuel *de vingt mille francs* comme encouragement.

Il est grandement à regretter que ses vues bienfaisantes n'aient pas été secondées.

Effectivement, depuis le décret du 16 octobre 1853 jusqu'à ce jour, quels progrès la culture cotonnière a-t-elle faits en Algérie?

Aucun.

Qu'a produit l'encouragement accordé par ce décret?
Rien.

Les fonctionnaires appelés à diriger cette colonie, et qui tiennent ses destinées entre leurs mains depuis si longtemps, ont-ils servi le chef de l'État dans ses vues à l'égard de l'extension à donner?

Sous l'empire des énergiques dispositions adoptées par l'Empereur, la culture du cotonnier a-t-elle fait, pendant les cinq campagnes qui ont suivi le décret, des progrès remarquables et en rapport avec les sacrifices que Sa Majesté faisait?

Les encouragements institués pour cinq années sont arrivés au terme que leur avait assigné le décret sans qu'aucune amélioration se soit fait remarquer.

Cependant, par des rapports, on a informé le chef de l'État que la culture du cotonnier, qui déjà avait été l'objet de quelques essais heureux, mais épars, insuffisants et sans suite, avait recu un essor considérable, largement stimulé par le système de récompense dû à sa haute munificence et à *l'intervention du gouvernement local*, ce qui avait permis de donner aux essais commencés la généralité, la suite et l'importance qui leur manquaient, et qui étaient seules capables d'élucider les questions à résoudre.

Si les mesures, de l'ordre le plus élevé, prises par le chef de l'État en faveur de la production du coton n'ont pas produit leur effet, l'effet que l'Empereur en attendait, c'est que les cultivateurs, au moment de la promulgation du décret, étaient dans l'ignorance la plus grande de la culture du cotonnier, et que le plus grand nombre de ceux qui l'ont entreprise ont échoué dans leurs essais, faute de connaissances spéciales et des notions indispensables.

« *Le cotonnier*, a dit Tournefort dans ses *Éléments de botanique*, page 84, *est une plante à part : il en faut raisonner fort différemment des anciens sur leur riz, leurs mils et leurs bleds. Elle réussit, sans doute plus ou moins, comme tout ce que l'homme cultive, selon que la fécondité de la terre, le choix des engrais, le soin de l'industrie et l'à-propos des saisons sont convenables et appropriées à ses besoins.* »

Un jury a été nommé, composé d'hommes pour la plupart étrangers à l'art agricole, qui a borné sa mission au seul examen des plantations inscrites pour le concours.

Dans son embarras, en présence de la non-réussite, et pour se mettre à couvert, ses investigations ont porté sur quelques circonstances fâcheuses dont, d'après lui, a malheureusement été entourée cette culture, *précisément pendant les cinq années qu'ont duré les encouragements.*

Les progrès qu'il a eu à réaliser et à faire connaître se sont réduits à *néant;* mais il a déclaré que des éléments contraires avaient empêché les essais, et a fait retomber sur *la sécheresse, sur des pluies tardives, sur des froids hâtifs* ou *sur tous autres accidents climatériques peu favorables,* et *rencontrés par lui fort à propos,* la non-réussite de plantations faites dans de *mauvaises conditions et par des colons qui n'avaient, pour la plupart, pas encore vu germer, ni lever, ni grandir un pied de cotonnier.*

Le jury n'était pas plus érudit que le colon en pareille matière agricole ; la non-réussite n'avait existé que par la faute de l'administration, son amie : il fallait une excuse.

Tous les colons cependant, au début de la première campagne, étaient pleins d'ardeur et avaient préparé pour leurs ensemencements des surfaces considérables, s'imaginant, dans leur ignorance, que le cotonnier se cultivait aussi facilement que le maïs et les légumineuses, et que, comme eux, il s'accommodait de toutes les expositions, de tous les terrains...

Si, avant le choix des terrains, avant leur préparation, avant les ensemencements, l'administration algérienne avait eu la sagacité, ou plutôt le courage, d'envoyer des moniteurs, des gens du métier pour préparer le colon à cette culture nouvelle et lui donner les notions indispensables, il est certain que *les accidents climatériques n'auraient pas figuré dans les rapports du jury*, car autant sa réussite est facile avec quelques notions, autant elle est difficile sans ces mêmes notions.

Sans guides, sans données sur les exigences et les besoins du cotonnier, abandonnés à eux-mêmes dans une entreprise agricole nouvelle pour eux, les uns ont confié trop tôt les graines à la terre, d'autres trop tard, d'autres se sont abstenus dans leur ignorance, ou les graines leur manquant *par la faute de l'administration*; quelques-uns ont choisi pour le Géorgie longue-soie, qui demande des terrains de plaine et irrigables, des terrains élevés, secs et non irrigables, et pour le cotonnier courte-soie, qui demande des terrains plus secs, des terrains de plaine, bas, humides ou irrigables; d'autres ont choisi des terrains couverts ou trop abrités, dans l'espoir de mieux réussir, tandis que le cotonnier demande un ciel découvert et veut être protégé des vents par des abris raisonnés.

Qu'a amené ce désordre?

Le dégoût chez le colon et un retard très-regrettable dans l'adoption de la culture cotonnière.

Au lieu d'avoir nommé un jury non compétent et incapable de donner le moindre conseil aux nouveaux planteurs, puisque jusqu'à ce jour l'administration algérienne avait négligé de faire instruire le colon sur les moyens de cultiver le cotonnier, on eût dû au moins choisir, pour composer ce jury, des hommes solides en agriculture, les hommes les plus propres par l'intelligence, l'énergie, l'exactitude et la probité ; on eût dû appeler quelques hommes capables des différents pays qui produisent le coton, des États-Unis (1), des Antilles, de la Guyane française ou d'autres pays producteurs pour en faire partie, lesquels auraient été chargés de conduire, de diriger les colons dans leurs premières plantations et de protéger les opérations. Alors il est certain que la culture du cotonnier en Algérie eût pu profiter, par les encouragements dus à la munificence impériale, tandis que ces encouragements n'ont fait, contrairement au désir et à la pensée de l'Empereur, que reculer son extension et mettre le colon dans la gêne ; car, dans son ignorance, il s'est épuisé en travaux inutiles et contraires.

Mais faut-il conclure de cette non-réussite, qui n'est due qu'à l'ignorance, à la non-intelligence, au manque d'énergie, à l'inexactitude d'hommes choisis par l'intrigue et non de spécialités, à la manière généralement vicieuse de faire de tout fonctionnaire algérien, en ce qui touche surtout les intérêts agricoles de l'Algérie, que le

(1) Beaucoup d'Américains, surtout ceux qui sont de souche française, ruinés par la guerre, menacés de dangers, n'ayant plus l'espoir de reconstituer leur fortune, accepteraient très-probablement un asile en Algérie, où ils pourraient avoir et la tranquillité et l'espoir de recouvrer le bien-être ; ces planteurs pourraient nous rendre les plus grands services dans l'élan à donner à la culture cotonnière en Algérie et sur la côte ocidentale.

climat de cette riche partie de l'Afrique ne convienne pas à la production du coton?

Pour détourner l'opinion générale d'une semblable conclusion, reconnaissant avant tout son incapacité, et en présence du peu de forces dont il avait disposé pour donner par lui-même un élan en rapport avec les encouragements donnés par l'Empereur, le jury s'est empressé de la repousser *le premier*.

A l'appui de son opinion, et pour lui donner de la force, il a cité la persévérance de quelques colons intelligents et déjà versés dans la culture cotonnière, dont les plantations avaient obtenu des résultats parfaits, les réussites dues au hasard et celles obtenues par quelques autres colons qui avaient entrepris avec courage cette culture, enfin les plantations nouvelles survenues par l'effet produit des cultures réussies.

N'était-ce pas assez dire pour les membres du jury que, même dans les *cinq années défavorables*, comme ils l'ont prétendu et sans notions chez les colons, *ils l'ont avoué*, la culture du cotonnier ait pu rémunérer le travail qui s'y était consacré, et qu'elle avait triomphé des intempéries elles-mêmes, d'un travail contraire, du manque de soins exigés, des mauvaises expositions, de l'absence d'abris convenables, de la mauvaise nature des terres consacrées aux plantations, de l'absence ou de la trop grande abondance d'eaux *indispensables* ou *contraires*, du manque d'espace entre les plants, etc., etc. Ils ont encore avoué toutes ces causes!

S'étant maintenue au milieu de telles épreuves, peut-on

douter que la culture du cotonnier ait quelque chose à redouter du climat dans le nord de l'Afrique?

Le fait de la possibilité de produire le coton en Algérie a été prouvé avant les rapports des différents jurys et ceux de l'administration algérienne, et il est établi depuis longtemps que tout le littoral des côtes nord, sous un climat aussi favorable, peut fournir du coton d'excellente qualité et en abondance, ce que la légende arabe, que j'ai citée plus haut, vient pleinement confirmer.

C'est surtout chez l'indigène, chez le Berbère du Nord, au moment de la mesure prise par le chef de l'État en faveur de la production du précieux textile, que cette production aurait dû être sérieusement engagée, pour chercher à utiliser ces forces engourdies pour le travail que renferme l'Afrique française. La civilisation des populations du nord de l'Afrique est facile aujourd'hui à la France; il ne leur faut donner qu'une forme de gouvernement qu'on peut atteindre sans peine, pour arriver à nous procurer du coton dans cette riche contrée, production qui pourra largement nous payer les intérêts des quatre milliards et *plus* que nous coûte la colonisation.

Ainsi, en 1855, 1856 et 1857, les cultures ont pénétré à Milah, Bouçada, Tébessa, Souk-Ahras, Bordj-Bou-Aréridj, Nemours, Lalla-Maghrnia. D'un autre côté, elle s'est développée d'une façon assez marquée dans les tribus du cercle de Bône, de la Calle et de Djidjelly.

Dans la première de ces circonscriptions, les fractions des diverses tribus qui composent les caïdats de Bône et de l'Edough ont, au nombre de cent treize, ensemencé,

en 1856, trois cent vingt-cinq hectares; celles qui dépendent du bureau arabe de Djidjelly ont fourni cent
planteurs ayant pratiqué leurs essais sur quatre-vingt-
douze hectares. Plusieurs Arabes, l'un des chefs de ce
cercle, le caïd des Beni-Amram-Safilia, Si-Salah-ben-
Boussédira, qui avait établi une plantation de dix hectares, a même obtenu le prix provincial de mille francs
pour ses débuts. En 1854, le caïd de Guelma obtenait
le partage du grand prix.

Il est, comme on le voit, grandement à regretter que
l'administration algérienne, en ce temps opportun, qui
semblait être le précurseur de celui dans lequel nous nous
trouvons aujourd'hui, n'ait pas su profiter de l'élan pro-
voqué chez l'indigène algérien par le décret de 1853,
car c'est surtout par les hommes qui habitent l'Algérie,
c'est en les éclairant, en nous les associant par les intérêts
de toute nature, que nous pouvons le mieux, pour le moment, assurer la culture du cotonnier dans le nord de
l'Afrique. L'indigène est le vrai cultivateur de l'Algérie.
Le véritable ouvrier agricole dont nous avons besoin
dans nos travaux de colonisation, c'est encore l'indigène.
Au Berbère du nord, à celui du sud, déjà chargé d'aller
nous chercher les produits de l'intérieur, appartient surtout la culture du cotonnier.

Eh! qui peut le croire? Ce sont des militaires des bu-
reaux arabes, sans connaissances agricoles, qui, dans le
grand élan à donner, ont été les moniteurs des indigènes.

Aussi, le temps des primes passé, les cultures cotonnières ont-elles été abandonnées par les tribus chez lesquelles avait existé la même confusion que chez le colon

dans la manière de cultiver le cotonnier, quant au choix des terrains, à leur préparation, aux façons d'entretien, aux irrigations...

Avant de faire débuter l'indigène dans une culture qui lui était devenue étrangère, les administrateurs civils et militaires devaient s'enquérir des moyens à employer pour apporter chez lui au moins le germe de quelques connaissances, pour assurer la réussite des premiers essais.

L'éducation de l'indigène était à commencer, et il était nécessaire d'en confier la tâche à des moniteurs spéciaux que l'Afrique pouvait fournir, mais qui auraient été eux-mêmes dirigés par des moniteurs européens.

Il était du devoir des administrateurs d'appeler de l'Égypte, des pays intérieurs de l'Afrique, des plaines cotonnières du lac Tchad, par exemple, de Tombouctou ou d'ailleurs, quelques planteurs des plus intelligents, qui auraient été les moniteurs des planteurs indigènes.

Si l'administration avait travaillé ainsi, il se serait opéré alors une véritable révolution dans les conditions de la production cotonnière en Algérie et de la main-d'œuvre.

En terminant ses rapports, le jury a déclaré, après avoir mis en avant les intempéries, comme je l'ai dit, pendant cinq années, qu'il était impossible que l'expérience de la culture se fût poursuivie dans des circonstances plus contraires ; mais, et c'est d'une témérité sans exemple, il a révélé à tort les progrès significatifs des campagnes de 1856 à 1859 exclusivement ; il a prétendu que le progrès s'était montré dans les résultats, dans la bonne installation des plantations, dans les soins qu'elles avaient reçus, dans l'excellence des méthodes rationnelles employées et appropriées au climat aussi bien qu'au sol ; il a assuré dans le dernier l'éducation d'un grand nombre de cultivateurs ; il a osé affirmer que colons et indigènes n'avaient plus rien à apprendre, que la culture cotonnière avait reçu de grands perfectionnements ; il a constaté les progrès les plus remarquables dans les procédés pratiques de culture ; il a présenté un champ d'expérience de deux mille hectares ; enfin, il a déclaré que la période des essais et des recherches pouvait être fermée sans inconvénient, que l'Algérie était sortie des tâtonnements par la justesse et l'excellence de l'enseignement donné par les soins de l'administration, par ses propres conseils, tandis que, précédemment, nous avons vu qu'il avait avoué lui-même l'ignorance du cultivateur algérien en pareille matière agricole.

Et tous ces rapports ont été présentés à l'Empereur, sous les auspices les plus beaux en faveur de l'administration et du jury !

D'un autre côté, pour faire retomber plus sûrement la non-réussite sur les cinq années d'intempéries et non sur l'absence complète de connaissances chez le colon et l'indigène, les démonstrations les plus concluantes en faveur du climat, de la qualité, du produit et du rendement, ont eu lieu de sa part, afin de se couvrir et d'éviter des blâmes à son amie l'administration.

Le décret de 1853, en faveur de la production du coton, de l'ordre le plus élevé, et du nombre de ceux qui peuvent faire époque dans les annales des nations en illustrant le règne sous lequel ils ont été ordonnés, par la faute de l'administration locale, n'a amené malheureusement, comme on le voit, aucun résultat, tandis qu'il pouvait ouvrir une ère nouvelle à l'Algérie, et contribuer largement à augmenter les richesses de la France.

Toujours attentifs à saisir ce qui peut se présenter en faveur des intérêts commerciaux de leur patrie, et pour agrandir sa puissance, les hommes d'État anglais, nous l'avons vu, ont compris la position du moment, mieux que les administrateurs algériens n'ont compris que la guerre des États-Unis, la fermeture de leur marché et le blocus de leurs ports présentaient à l'Algérie une source de fortune.

Vivement préoccupés de la question du coton pour les manufactures de l'Angleterre, ils ont, au début de l'insurrection, nous l'avons vu aussi, songé à éviter le mal.

Est-il un seul fonctionnaire en Algérie, qui, en présence du danger immense qui menace la France dans son commerce, ait eu le courage, seulement l'idée, de chercher à l'éviter ?

Le gouvernement de l'Algérie ne s'est occupé de rien à ce sujet, comme si ce gouvernement coupable ignorait que, par sa valeur commerciale, le coton formait, avant la guerre, à lui seul, plus de la moitié des exportations totales des États-Unis; que c'était à lui surtout qu'était dû le développement rapide de la puissance et le bien-être de ceux de ses États où il était cultivé, en même temps qu'il contribuait à la prospérité de leurs confédérés politiques, et qu'il ajoutait grandement à la richesse et à l'influence de l'Union.

L'indifférence est généralement le partage du fonctionnaire algérien ; il est en Algérie pour toucher des appointements, pour se donner le moins de mal possible ; eh ! que lui importent les intérêts de la mère-patrie et l'avenir de la colonie qui le fait vivre ?

Il est grandement à regretter pour l'Algérie, je le dis ici en passant, que cette colonie n'ait eu jusqu'à ce jour, pour la diriger, que des hommes de circonstances, des hommes dont la position administrative était perdue, sans fortune, souvent ruinés, des hommes dont la France ne savait que faire, et dont elle était heureuse de se débarrasser ; des hommes, encore, que l'intrigue et les sollicitations de hauts personnages lui ont envoyés.

Il faudrait à l'Algérie, pour la conduire, l'élite de l'administration française, des hommes agricoles surtout, parce que l'Algérie doit être tout agricole, et que son avenir, son bien-être dépendent d'abord des riches produits qu'elle peut abondamment fournir ; il lui faudrait des hommes dont la position financière ne laisserait, autant que possible, rien à désirer.

Nous n'avons jamais su coloniser, et la cause en est que nous n'avons pas encore fait un choix convenable des hommes que nous avons envoyés dans nos colonies.

L'Afrique, qui est notre domaine dans ses parties nord, centrale et occidentale, on peut le dire, car ces parties nous appartiennent par l'influence et les positions que nous occupons, dans l'inaction coupable où elle est restée, au milieu des indécisions des hommes d'État qui auraient dû l'engager à se mettre à l'œuvre, laissera-t-elle l'Angleterre s'emparer par l'Asie du monopole du coton?

C'est à la France, c'est à l'Afrique française à l'empêcher, et elles le peuvent.

La paix viendrait-elle à se rétablir sur l'autre rivage de l'Océan, les déchirements cesseraient-ils dès aujourd'hui, la main esclave se maintiendrait-elle, les marchés se réouvriraient-ils, les États-Unis feraient-ils des efforts pour chercher à conserver le monopole, ou parviendraient-ils, après l'avoir perdu, à s'en emparer sur les nouveaux et anciens pays producteurs, sur l'Afrique, ce qui me paraît *impossible*, il est certain que les tentatives faites par la France ne seront pas inutiles et auront leur résultat.

Le champ des approvisionnements aura été notablement accru, et si le monopole ne lui était pas assuré par l'Afrique, l'étude de la question n'en conserverait pas moins un intérêt sérieux dans l'avenir pour elle; les productions qui résulteront de l'étendue donnée aux plantations nouvelles, en Afrique, aux Antilles, à la Guyane..., augmenteront d'autant ses richesses, et les événements supposés ne pourront lui empêcher de retirer, des efforts qu'elle aura faits, des bénéfices considérables. L'Afrique rivaliserait alors avec l'Amérique, et tiendrait le monopole sur l'Inde !

A ces observations s'ajoute ce fait d'une haute portée, que les fabriques françaises seront désormais, pour leurs approvisionnements, moins dépendantes d'une même culture, en supposant, ce qui ne peut être, que les productions de l'Afrique soient insuffisantes.

Quoi qu'il arrive, les événements supposés, dussent-ils avoir lieu, n'empêcheront pas la France de s'emparer du monopole; il lui appartient à elle seule, parce qu'elle seule peut disposer à son profit, par sa grande influence, des quantités extraordinaires de forces que l'Afrique possède dans l'élément indigène, dans les nombreuses peuplades que ses parties centrale et occidentale surtout nourrissent abondamment avec peu de travail, parce que le coton vient et peut venir partout en Afrique, que les terres sont surabondantes, que le sol présente les caractères géologiques qui conviennent le mieux, par excellence, au cotonnier (1).

Le temps demandé à l'Amérique du Nord, pour que ses campagnes soient de nouveau cultivées et couvertes de plantations, pour que la confiance ait pu ramener à leurs travaux des bras menacés de dangers et ruinés par la guerre, aura permis à l'Afrique, aux Antilles, à la Guyane de créer des cultures, d'étendre celles qui existent, et l'avantage restera tout entier aux côtes occidentales d'Afrique, à l'Afrique centrale, à l'Algérie, et les cotons des États-Unis auront perdu leur place dans le grand courant commercial.

Ce qui tend à assurer ce que j'avance, c'est que les

(1) Il ne faut pas s'effrayer des quelques événements qui se sont passés dernièrement au Sénégal, événements qui souvent sont provoqués, comme nous en avons eu tant d'exemples dans le Nord, par l'orgueil, la jactance et plus souvent encore l'iniquité de quelques chefs subalternes. Nous devons, vis-à-vis de l'indigène, et surtout dans les parties centrale et occidentale, être très-justes et très-équitables, et ne froisser en rien les intérêts des peuplades que nous désirons attirer à nous.

cotons algériens et ceux des côtes occidentales ont obtenu
les points les plus importants comparativement à la production américaine : c'est la qualité également bonne ou
la similitude des produits et un rendement pour le moins
égal, s'il n'est pas plus fort.

Les cotons algériens sont vivement recherchés par les
manufacturiers français qui en ont depuis longtemps si-
gnalé les premières et excellentes qualités, et, malgré des
imperfections dues à l'inexpérience des colons, les prix
ont atteint le taux commercial des belles sortes d'Amérique.

Ceux du Sénégal sont de belle qualité, et des échantillons, envoyés en France, ont été cotés, par les cour-
tiers du Havre, 1 fr. 50 cent. le kilogramme avant la
hausse.

Inconnus au commerce, les cotons des côtes occidentales n'ont pas encore paru sur les marchés européens.
Les peuplades n'ensemencent que pour recueillir ce qui
est strictement nécessaire à leurs besoins, et, dans l'ignorance la plus grande des progrès européens en agriculture, ne prennent aucune des précautions essentielles
pour assurer l'abondance et la bonne qualité des produits, ce qui permet d'entrevoir tout leur avenir par le
prix donné au Havre aux échantillons envoyés.

La qualité des produits africains supporte, comme on
le voit, dès aujourd'hui, c'est reconnu, et nous n'avons
plus à nous en occuper, la concurrence des plus belles
espèces américaines, et le rendement de la récolte donne
aux planteurs un prix rémunérateur même élevé.

Tout est donc en faveur de l'Afrique, puisque nous

avons vu qu'elle possède de grandes étendues de terrain, un sol propice, des bras en nombre suffisant, qu'elle jouit d'un climat favorable, que les communications, les arrivages et les moyens de transport lui sont faciles pour l'Algérie, le Sénégal et toutes les parties centrales, et qu'elle est placée au milieu du monde pour le commerce.

Il reste cependant un point essentiel à assurer entièrement dans nos possessions du nord et celles occidentales, c'est de savoir attirer à nous les bras indigènes et européens, desquels dépendent l'abondance de la production et le bon marché. On y parviendra facilement le jour où l'Algérie aura une administration paternelle envers les indigènes, et lorsqu'ils se mettront résolûment et avec confiance au service des Européens. Car, je l'ai déjà dit, le vrai cultivateur de l'Algérie, l'ouvrier agricole, c'est l'indigène ; cela se pourra lorsque cette administration présentera des garanties sérieuses et capables d'attirer dans la colonie du nord des immigrants autres que ceux qu'elle a reçus jusqu'à ce jour en grand nombre, des gens sans aveu, sans industrie, sans argent, des vagabonds de tous les coins de l'Europe, des malheureux sans énergie, traînant après eux la misère avec une foule d'enfants et de vieillards ; lorsque les immigrants aisés de l'Europe et autres auront vu disparaître tous les vices administratifs qui les ont forcés, quelques jours après leur arrivée, à abandonner la colonie où ils avaient espéré avoir une réception heureuse et bienveillante, et trouver le bien-être par le travail (1). On y parviendra encore en

(1) Depuis bientôt trente-quatre ans que l'Algérie appartient à la France, cette belle contrée, qui jadis était le grenier de l'Italie, et

rendant à la colonisation tous les terrains restés incultes, qui lui ont été enlevés pour être distribués à l'exploiteur, à l'intrigant, et qui appartiennent aujourd'hui en grand nombre à l'usurier algérien. On parviendra à assurer le point essentiel le jour où les administrateurs, au lieu de provoquer le refoulement de l'indigène par des exactions de toutes sortes, sauront attirer dans nos possessions nord et occidentales les bras dont disposent les peuplades du Sahara, du Soudan, de la Guinée... On y parviendra, enfin, en proclamant dans nos possessions du Sénégal et du Gabon l'inviolabilité du territoire français en faveur de tous les noirs et indigènes qui viendront demander asile à l'ombre de notre pavillon.

qui naguère encore fournissait, sous le régime grossier et tyrannique des Turcs, des exportations considérables en blés à l'Europe entière, a peine, aujourd'hui, *depuis qu'elle appartient à la France*, à suffire à ses besoins. Elle voit chaque jour sa fertilité s'éloigner et la stérilité s'approcher.

La France a avancé des milliards et des milliards à l'Algérie; elle lui fournit encore *cent millions par année*, tandis que cette colonie ne lui rend que 25 ou 30 millions au plus !

Déficit, 70 millions.

L'Algérie devrait être, depuis qu'elle est française, le pays le plus riche du monde, et, loin d'enlever chaque année 70 millions à la mère-patrie, elle devrait et pourrait lui en restituer 70 à-compte sur ce qu'elle a reçu d'elle depuis 1830.

Mais bien loin d'être riche et prospère, elle est pauvre, et elle est pauvre surtout depuis qu'elle est passée en partie sous l'administration préfectorale. — Le colon qui l'habite est généralement dans l'état de gêne le plus grand; malheureux, il est encore accablé par l'injustice, et je ne crains pas de le dire, car *je connais ce qui s'est passé et ce qui se passe;* aussi, découragé, ne cherche-t-il qu'à repasser la mer qu'il avait traversée dans le vain espoir de rencontrer la fortune et le bien-être sur un sol riche, mais que son administration *ruine,* car c'est bien sur elle *seule* que doit retomber tout le mal qui existe.

L'importance de la production, dans nos possessions du nord et celles des côtes occidentales, est, comme on le voit, une question de peuplement, et le peuplement se fera avec une administration intègre, active, intelligente et agricole. Alors la main-d'œuvre sera *abondante et à bas prix*, et l'*importance de la production sera assurée chez nous*.

Nos possessions africaines, converties en vastes plantations cotonnières, deviendront des jardins d'étude et d'observation pour les peuplades africaines de l'intérieur, lesquelles bientôt, attirées par l'appât du gain, adopteront pour toujours la culture industrielle du cotonnier.

Que le règne de l'injustice cesse en Algérie ;

Que celui du droit commence;

Que le *tot capita, tot sensus* disparaisse au siége du gouvernement algérien.

Et la prospérité paraîtra sur les côtes infortunées de l'Afrique française.

La France ne connaît pas, et ne peut connaître les causes de la triste position dans laquelle se trouve sa plus belle colonie, la plus riche colonie du monde!

Une chaîne a été commencée, elle s'est continuée jusqu'à ce jour; chaque individu qui a paru comme fonctionnaire en Algérie a augmenté cette chaîne d'un anneau.

L'homme consciencieux ne peut en faire partie, car elle se trouverait interrompue, et il est de l'intérêt de tous de la conserver.

Le fonctionnaire algérien ne veut voir à côté de lui qu'une pâte formée de la même farine et de la même espèce que celle dont il est formé lui-même (*ejusdem farinæ...*).

De là des haines.....

Alors, par toutes les voies, par tous les moyens possibles, *per fas et nefas*, il marche à la réalisation de ses projets.

Mais il se rencontre quelquefois des hommes justes qui savent supporter d'une âme égale, avec courage, avec fermeté les coups portés par l'injustice, et qui, par un travail opiniâtre, viennent à bout de tout.

Alors le coton américain, qui jusqu'à ce jour a occupé le premier rang, sera rejeté sur un rang secondaire, et comme l'Afrique pourra fournir ce textile à l'Europe à des prix moins élevés, le monopole nous sera assuré.

C'est à la France à se hâter si elle veut s'emparer de ce monopole, si elle veut rendre l'Angleterre sa tributaire, si elle veut profiter de la source de fortune que lui ont ouvert les Américains en fermant leur marché à l'Europe, et en aiguillonnant eux-mêmes la concurrence étrangère.

La réouverture du marché américain, lorsqu'elle aura lieu, ne doit donc pas arrêter l'élan de la France et l'empêcher de s'avancer hardiment : la réduction des cultures et celle des approvisionnements aux États-Unis sont de nature à permettre à l'Afrique de créer des plantations, de les étendre de plus en plus, et lui assurent la fourniture du coton pour notre commerce et celui de l'Europe.

Que peuvent les États-Unis aujourd'hui ? que pourront-ils dans l'avenir ?

Leurs villes sont ruinées, leurs campagnes sont désertes et saccagées, leurs plantations n'existent plus, leurs approvisionnements sont épuisés, et la main esclave va disparaître.

L'esclavage est une institution tellement opposée à nos idées modernes, qu'il fallait être aveugle pour ne pas voir que sa fin était prochaine, et, comme on ne devait rien attendre de raisonnable de l'immense majorité des propriétaires d'esclaves dans le nord de l'Amérique, il ne pouvait finir que violemment.

Quel immense avantage y aura-t-il pour notre commerce de pouvoir s'alimenter chez nous-mêmes, de pouvoir compléter ses approvisionnements chez les peuplades du centre de l'Afrique, nos voisins, au lieu d'aller chercher à grands frais les produits de première utilité chez un peuple éloigné, qui l'a tenu sous sa dépendance pendant plus d'un demi-siècle, pour la fourniture du textile que réclament les besoins de tous les peuples!

Maintenant que l'éveil est donné, maintenant que la France est éclairée sur ce qu'elle doit faire, l'effort des entreprises ne doit plus s'arrêter, et l'arène de la production sera considérablement élargie en quelques années.

En l'état actuel des choses, je ne cesse de le répéter, les intérêts de la France lui commandent de créer au plus tôt, sans perdre un instant, des cultures nouvelles, de les augmenter dans ses colonies, de les encourager par tous les moyens possibles dans l'intérieur de l'Afrique, en vue tout à la fois d'accroître la quantité, et d'améliorer la qualité des produits qui existent déjà.

La France peut d'autant plus se lancer sans crainte dans la voie des plantations, que les besoins de la consommation du monde entier augmentent chaque jour dans une proportion à laquelle la production des États-Unis n'eût pu tenir pied longtemps.

La production totale, dans le monde entier, est évaluée, je l'ai déjà annoncé, au chiffre énorme de 3,873,350,000 livres anglaises.

Si considérable qu'elle soit, il est prouvé que cette production ne suffira bientôt plus aux besoins de l'avenir.

Les tendances de la société moderne vont graduellement vers une égalité de condition physique et morale de la grande famille humaine. Les classes riches et les classes moyennes dépensent plus qu'elles ne le faisaient autrefois aux articles de goût, de luxe et d'intérieur; la condition du travailleur s'en ressent d'autant, il peut à son tour dépenser davantage. La civilisation pénètre partout. Les nations et les tribus, jusqu'ici barbares, tendent de plus en plus à adopter les goûts et les besoins de la société européenne. Leur premier pas dans cette voie est de s'habiller et d'abandonner leurs vêtements grossiers ou insuffisants dans un temps très-court.

Un Américain, le général Morse, a calculé que, depuis 1850, la consommation augmentait chaque année dans les proportions de 62 p. 100, tandis que, pendant la même période, la production n'augmentait que de 5, 4 p. 100. Or, cette situation s'aggrave de jour en jour, et la fermeture du marché américain n'aurait pas eu lieu, qu'il était des intérêts de l'Europe de chercher, pour ses approvisionnements, un champ plus large que celui présenté par les États-Unis.

On a résumé en chiffres la consommation relative du coton par les fabriques en Europe. En représentant le total de chaque année par 1,000, l'Angleterre entre dans ce chiffre pour 526, la France pour 220, la Belgique et la Hollande, pour 25, l'Allemagne pour 100, la Russie pour 48, la Suisse pour 21, et le reste de l'Europe pour 60.

On voit quel intérêt sérieux se rattache, pour la France

et pour l'Angleterre surtout, à la production régulière du coton.

L'Angleterre cherche depuis longtemps à s'emparer du monopole par l'Asie, la France doit tourner ses vues immédiatement vers l'Afrique pour s'en emparer avant elle.

L'Angleterre, nous l'avons vu, sous le prétexte de se garder des suites d'une éventualité pouvant laisser ses métiers sans coton, et sous celui de ne plus vouloir dépendre des États-Unis à l'égard de ses approvisionnements, a d'abord jeté ses vues sur les contrées méridionales de l'Afrique, et fait aujourd'hui des efforts inimaginables pour faire de l'Inde un premier champ de production cotonnière, tout en nourrissant l'espoir d'en faire un deuxième plus tard de ces mêmes contrées méridionales de l'Afrique.

Mais le véritable but de l'Angleterre n'est pas là seulement; elle sait parfaitement que, depuis que la France occupe le nord de l'Afrique, cette puissance étant en possession du Sénégal et de plusieurs comptoirs sur les côtes occidentales, un rôle important lui est réservé dans la question de la production et de l'approvisionnement européen du coton; elle sait que l'Algérie, l'Afrique dans ses parties centrales, lui ouvrent une nouvelle source de fortune à cet égard. Aussi, s'est-elle avancée dans un commencement de production, espérant arriver la première, et détourner ainsi les vues de la France de cet objet de première portée.

Elle craint, ce qui arrivera infailliblement si la France le veut, de devenir sa tributaire pour les cotons, car elle n'ignore pas que l'Inde ne pourra lutter contre l'Afrique pour le bon marché et la rapidité de la production.

Elle sait, d'un autre côté, que l'état de dégradation dans lequel est restée l'Afrique jusqu'à ce jour dans ses parties centrale, orientale, occidentale, et surtout australe, doit avoir un terme, et elle prévoit que c'est à la France, à laquelle appartient aujourd'hui la grande tâche de la faire sortir de cet état, tâche que lui rend facile la production possible du coton.

Le continent africain deviendra un jour, par la France, par la force des circonstances actuelles et par la position qu'elle occupe au milieu du monde, le centre des grandes relations commerciales et politiques, entre l'Europe, l'Asie, l'Océanie et l'Amérique.

Sortie de l'état barbare, elle deviendra peut-être le point où pourra se continuer, dans les temps postérieurs, le développement intellectuel, commercial, commencé il y a tant de siècles.

Aujourd'hui, l'Afrique compte ses villes dans le nord, et ses peuplades dans l'immense reste de ses parties. Avant un siècle, elle peut compter ses nations! La France y sera représentée par des peuples, les autres nations par des familles.

Les nations grandissent ou disparaissent sous l'empire des circonstances. Il y a deux mille ans à peine, le coin de terre où se décide aujourd'hui la civilisation du monde, était peuplé de sauvages divisés en tribus comme celles de l'Afrique! Les peuplades errantes des Gaules et de la Germanie, sans cesse en guerre entre elles, étaient incapables de résister à l'ennemi commun. Elles

devaient peu à peu céder le terrain à la puissance organisée des Romains; les moins farouches subissaient le
joug du vainqueur, les plus indociles, retirés dans leurs
montagnes, aimaient mieux périr par la glaive et la famine. Tel fut le sort de nos ancêtres, tel ne sera pas, la civilisation et les circonstances actuelles le défendent, celui
des habitants du centre de l'Afrique, celui des Hottentots,
des Cafres et des autres peuplades des pays australs.

En envoyant des voyageurs, des missionnaires dans les
parties australe et centrale de l'Afrique, non-seulement
l'Angleterre voulait s'emparer la première de la production du coton, mais elle voulait aussi chercher à y amener la civilisation, et en avoir la gloire et tout le profit.
Dans sa pensée, l'œuvre du perfectionnement moral ne
pouvait s'accomplir qu'après la création d'une certaine
somme de bien-être matériel, et, pour procurer ce premier bienfait aux indigènes, il fallait commencer par les
éclairer et les encourager à développer, par des travaux
utiles, les richesses naturelles du pays.

Tel était le double but de l'Angleterre en faisant explorer les parties australes de l'Afrique et en y envoyant le
docteur Livingstone.

Son principal but était surtout de s'emparer des richesses du pays, mais elle ne pouvait y parvenir que par
un commencement de civilisation, que par l'appât du
gain et en procurant aux peuplades ce bien-être dû au
travail, ce bien-être que procurent l'industrie, le commerce, celui que permettent les exploitations des cultures
industrielles, dont les produits indispensables sont réclamés par les populations européennes.

Mais, des difficultés sans nombre pour elle, comme nous l'avons vu précédemment, et les positions qu'elle occupe, lui ont fait abandonner pour le moment ses projets d'accaparement et de civilisation.

Dans quelques siècles d'ici, les vastes contrées que renferme l'Afrique, la France y introduisant peu à peu les goûts de l'agriculture et du commerce, et par suite la civilisation, seront, c'est hors de doute, aussi peu reconnaissables que le sont aujourd'hui les Gaules de César et la Germanie de Tacite.

Maîtresse de l'Algérie au nord, du Sénégal et du Gabon à l'occident, la France peut jouer un grand rôle dans cette grande entreprise civilisatrice ; elle peut, par son influence, parvenir à améliorer la civilisation dans l'Afrique entière, ou au moins amener les peuplades sauvages qui l'habitent au rang des peuples de l'Asie.

La France, mieux que l'Angleterre, je le dis en terminant, et tout le prouve, possède tous les éléments nécessaires pour s'emparer du monopole abandonné par les États-Unis ; elle en a tous les moyens possibles, et de toutes les manières elle ne peut que gagner à l'extension qu'elle donnera à la culture cotonnière dans ses colonies, l'Angleterre remplirait-elle déjà les marchés européens de ses produits de l'Inde, les États-Unis chercheraient-ils de nouveau à les envahir, ce qui n'est pas possible en présence, pour l'Angleterre, des difficultés qu'elle a à vaincre, et, pour les États-Unis, de la disparition de la main esclave et de la guerre acharnée qui dure depuis trois ans dans ce malheureux pays, et qui, tout porte à le croire, durera longtemps encore, car tout ce qui existait de respect, de confiance mutuelle et d'affection au commencement des difficultés entre les Américains du Nord a été détruit et anéanti à jamais, et il ne leur reste seulement pas l'ombre d'une chance de pouvoir rétablir ce respect, cette confiance, de renouer cette affection.

Les liens qui unissaient les Américains du Nord ont été brisés et ne seront jamais formés de nouveau, l'édifice admirable élevé par leurs sages et patriotes ancêtres s'est écroulé et sa reconstruction est impossible !

La France peut donc affranchir son industrie cotonnière de la dépendance.

Elle seule peut assurer à l'Europe un approvisionnement en rapport avec ses besoins toujours croissants, elle peut la rendre sa tributaire !

Nos colonies, l'Afrique, cette terre à coton, où l'arbrisseau qui le produit croît et peut croître partout, sont aptes à nous fournir, en quantités beaucoup plus que suffisantes, le précieux textile dont l'absence se fait sentir si douloureusement partout.

Nous pouvons aider l'Europe dans la pénurie où elle se trouve, tout en y trouvant notre profit; nous pouvons, dans un temps très-court et à des prix rémunérateurs quoique inférieurs, fournir à l'Angleterre le coton que l'Inde lui fournirait dans un temps plus éloigné et à un prix beaucoup plus élevé.

C'est à la France de vouloir. — Elle n'a rien à craindre sous le rapport de l'insuccès.

CÉLESTE DUVAL.